Jyoti Kataria

Tirar partido da IA para o desenvolvimento sustentável: Alcançar o Objetivo 2 dos ODS

AF524502

Jyoti Kataria

Tirar partido da IA para o desenvolvimento sustentável: Alcançar o Objetivo 2 dos ODS

ScienciaScripts

Imprint
Any brand names and product names mentioned in this book are subject to trademark, brand or patent protection and are trademarks or registered trademarks of their respective holders. The use of brand names, product names, common names, trade names, product descriptions etc. even without a particular marking in this work is in no way to be construed to mean that such names may be regarded as unrestricted in respect of trademark and brand protection legislation and could thus be used by anyone.

Cover image: www.ingimage.com

This book is a translation from the original published under ISBN 978-620-7-46546-0.

Publisher:
Sciencia Scripts
is a trademark of
Dodo Books Indian Ocean Ltd. and OmniScriptum S.R.L publishing group

120 High Road, East Finchley, London, N2 9ED, United Kingdom
Str. Armeneasca 28/1, office 1, Chisinau MD-2012, Republic of Moldova, Europe
Printed at: see last page
ISBN: 978-620-7-74208-0

Copyright © Jyoti Kataria
Copyright © 2024 Dodo Books Indian Ocean Ltd. and OmniScriptum S.R.L publishing group

PREFÁCIO

À medida que a inovação tecnológica e as preocupações globais se cruzam, utilizar os nossos talentos para o desenvolvimento sustentável é mais importante do que nunca. Os Objectivos de Desenvolvimento Sustentável (ODS) da ONU abordam as preocupações mais prementes da humanidade, estando o Objetivo 2, "Fome Zero", no centro da nossa procura de um futuro mais igualitário e sustentável. Este livro, "Harnessing AI for Sustainable Development: Achieving SDG Goal 2", analisa a forma como a IA pode melhorar a segurança alimentar e a fome. Nas secções seguintes, analisamos a forma como a IA nos pode ajudar a alcançar um futuro sem fome. Exploramos os meandros dos sistemas alimentares globais, os obstáculos ao acesso e à distribuição, e a fome e as desigualdades nutricionais em seis capítulos exaustivos. Cada capítulo detalha como a IA transforma a agricultura, optimiza as redes de abastecimento, melhora a nutrição e informa as políticas. Ao explorarmos a IA, vemos que a sua promessa vai para além da tecnologia. Ela inspira esperança, inovação e boas mudanças na luta contra a fome e a pobreza. No entanto, este potencial revolucionário traz consigo obstáculos e implicações éticas que temos de negociar com discernimento e ponderação. Que este livro possa suscitar conversas, inspirar a inovação e conduzir-nos a um futuro em que ninguém vá para a cama com fome enquanto viajamos juntos.

Sra. Jyoti Kataria

CONTEÚDO

CAPÍTULO 1

Introdução aos Objectivos de Desenvolvimento Sustentável (ODS)

Uma visão geral dos Objectivos de Desenvolvimento Sustentável

Com os Objectivos de Desenvolvimento Sustentável (ODS) das Nações Unidas, foi estabelecido um quadro abrangente com a intenção de abordar os desafios mais prementes que o mundo enfrenta atualmente e promover o desenvolvimento sustentável em todo o mundo. Como parte da Agenda 2030 para o Desenvolvimento Sustentável, os Objectivos de Desenvolvimento Sustentável (ODS) foram aprovados pelos Estados membros das Nações Unidas em setembro de 2015. Estes objectivos foram concebidos como sucessores dos Objectivos de Desenvolvimento do Milénio (ODM). Acabar com a pobreza, proteger o ambiente e garantir a prosperidade para todas as pessoas é o objetivo desta agenda, que serve como um apelo universal à ação.

Dezassete objectivos inter-relacionados constituem os Objectivos de Desenvolvimento Sustentável (ODS), cada um dos quais se destina a abordar áreas específicas de preocupação e a promover um desenvolvimento holístico. Estes objectivos abrangem uma vasta gama de dimensões sociais, económicas e ambientais, o que reflecte a natureza complexa e interdependente dos desafios que se colocam à escala mundial. Os Objectivos de Desenvolvimento Sustentável (ODS) oferecem um roteiro abrangente para abordar as causas fundamentais da desigualdade, da injustiça e da degradação ambiental. Estes objectivos vão desde a erradicação da pobreza até à tomada de medidas contra as alterações climáticas.

Os Objectivos de Desenvolvimento Sustentável (ODS) reconhecem profundamente a interligação entre as questões sociais, económicas e ambientais, que está no cerne dos Objectivos de Desenvolvimento Sustentável (ODS). Os Objectivos de Desenvolvimento Sustentável (ODS) defendem uma estratégia mais abrangente para o desenvolvimento, em contraste com o seu antecessor, os

Objectivos de Desenvolvimento do Milénio (ODM), que se concentraram principalmente na redução da pobreza. Reconhecem a natureza interligada de questões como a pobreza, a desigualdade, as alterações climáticas e a degradação ambiental, e apelam à implementação de soluções abrangentes.

Os governos, as organizações da sociedade civil, as instituições académicas e as organizações do sector privado participaram em amplas consultas e negociações que conduziram à formulação dos Objectivos de Desenvolvimento Sustentável (ODS). Graças a este processo inclusivo, os objectivos puderam refletir com precisão as aspirações e prioridades de uma grande variedade de partes interessadas em todo o mundo. O empenho da comunidade internacional na ação colectiva e na responsabilidade partilhada foi demonstrado através do diálogo e da construção de consensos.

Cada um dos dezassete Objectivos de Desenvolvimento Sustentável (ODS) aborda uma faceta diferente do desenvolvimento sustentável, desde a eliminação da pobreza e a promoção da saúde até à preservação do ambiente e ao estabelecimento da paz. Coletivamente, constituem um quadro abrangente para abordar os factores fundamentais que contribuem para a pobreza, promover a inclusão social e proteger os recursos naturais do planeta. Além disso, os Objectivos de Desenvolvimento Sustentável (ODS) colocam a tónica na importância das parcerias e da colaboração a nível local, nacional e mundial, a fim de acelerar o progresso e realizar mudanças transformadoras.

Os Objectivos de Desenvolvimento Sustentável (ODS) incluem uma série de componentes importantes, um dos quais é o Objetivo 2: "Fome Zero". Este objetivo incorpora o direito fundamental de cada indivíduo a ter acesso a alimentos suficientes, seguros e nutritivos. A libertação do potencial humano, o fomento do crescimento económico e a construção de comunidades resistentes são objectivos que podem ser alcançados pelas sociedades que se comprometem a acabar com a fome e a alcançar a segurança alimentar. Além disso, o Objetivo

2 actua como uma força motriz para a realização de outros objectivos, tais como os relativos à saúde, educação, igualdade de género e sustentabilidade ambiental.

Ao iniciarmos o caminho que nos levará aos Objectivos de Desenvolvimento Sustentável (ODS), é imperativo que reconheçamos a magnitude e a urgência dos desafios que temos pela frente. Ainda há milhões de pessoas em todo o mundo que sofrem de fome, subnutrição e insegurança alimentar, apesar dos progressos significativos que foram feitos na redução da pobreza e na melhoria dos padrões de vida em todo o mundo. Além disso, a pandemia de COVID-19 agravou ainda mais as desigualdades e vulnerabilidades pré-existentes, o que coloca desafios ao desenvolvimento sustentável como nunca antes se viu.

No entanto, é possível encontrar nestes desafios enormes oportunidades de inovação, solidariedade e ação colectiva. Os Objectivos de Desenvolvimento Sustentável (ODS) constituem um roteiro para reconstruir melhor e criar um mundo mais equitativo e sustentável para as gerações futuras. A visão de um mundo em que todas as pessoas possam viver com dignidade, prosperidade e esperança pode ser concretizada se aproveitarmos o poder da tecnologia, da inovação e das parcerias. Isto permitir-nos-á ultrapassar obstáculos, abrir novas portas para o progresso e concretizar a visão.

Por este motivo, é essencial ter uma sólida compreensão das origens, do significado e da natureza multifacetada dos Objectivos de Desenvolvimento Sustentável (ODS), a fim de mobilizar eficazmente a ação, incentivar o diálogo e impulsionar mudanças significativas. Reafirmemos o nosso compromisso com os princípios da solidariedade, da equidade e da sustentabilidade ao embarcarmos nesta viagem que transformará as nossas vidas. Se trabalharmos em conjunto, podemos criar um futuro em que os Objectivos de Desenvolvimento Sustentável (ODS) se tornem uma realidade para todos.

Compreender a importância do Objetivo 2: "Fome Zero"

No âmbito dos Objectivos de Desenvolvimento Sustentável (ODS) estabelecidos pelas Nações Unidas, o Objetivo 2, intitulado "Fome Zero", é considerado uma das componentes mais importantes. O seu significado vai muito além do mero alívio da fome; pelo contrário, encerra um profundo compromisso de abordar um direito humano fundamental, que é o direito de todos os indivíduos a terem acesso a alimentos suficientes, seguros e nutritivos, independentemente do seu estatuto socioeconómico ou localização geográfica.

O imperativo do humanitarismo: O imperativo humanitário de assegurar que nenhum indivíduo sofra de fome crónica ou de subnutrição está no centro do Objetivo 2, que reflecte este imperativo em toda a sua extensão. O ato de passar fome não só mina a dignidade humana, como também contribui para a perpetuação de ciclos de pobreza e desigualdade, negando assim aos indivíduos a oportunidade de terem vidas saudáveis e produtivas. Ao trabalhar para atingir o objetivo da fome zero, as sociedades demonstram a sua dedicação à proteção dos direitos fundamentais e da dignidade de cada indivíduo.

Ligado a outros objectivos: Interligações A concretização dos Objectivos de Desenvolvimento Sustentável (ODS) está indissociavelmente ligada à concretização do objetivo Fome Zero. Para atingir os objectivos de alcançar uma boa saúde e bem-estar (Objetivo 3), promover uma educação de qualidade (Objetivo 4), fomentar a igualdade de género (Objetivo 5) e erradicar a pobreza, é essencial combater a fome e a subnutrição (Objetivo 1). Além disso, garantir a segurança alimentar e a agricultura sustentável (Objetivo 2) é essencial para mitigar os efeitos negativos das alterações climáticas (Objetivo 13) e proteger os ecossistemas terrestres e marinhos. Isto porque estes dois objectivos estão inter-relacionados (Objectivos 14 e 15).

Com o objetivo de promover o desenvolvimento sustentável: Através da promoção de práticas agrícolas ambientalmente sustentáveis e do desenvolvimento de sistemas alimentares resistentes, o Objetivo 2 actua como um catalisador do desenvolvimento sustentável. É possível que as sociedades reforcem a sua segurança alimentar, protegendo simultaneamente os recursos naturais e a biodiversidade, se fizerem investimentos numa agricultura ambientalmente responsável, melhorarem o acesso aos mercados e à tecnologia e reforçarem a sua capacidade de resistência aos efeitos dos choques relacionados com o clima. Além disso, a agricultura sustentável contribui para a redução da pobreza, a expansão da economia e o desenvolvimento das zonas rurais, promovendo assim sociedades inclusivas e equitativas.

A fim de enfrentar eficazmente os desafios associados à saúde e à nutrição a nível mundial, a eliminação da fome é da maior importância. Existem riscos significativos para a saúde associados à malnutrição, que inclui a subnutrição, as deficiências em micronutrientes e o excesso de peso ou a obesidade. A malnutrição também contribui para o peso das doenças que ocorrem em todo o mundo. As sociedades podem prevenir a subnutrição e reduzir a prevalência de doenças não transmissíveis relacionadas com o regime alimentar, garantindo o acesso a uma gama diversificada de alimentos ricos em nutrientes e promovendo padrões alimentares saudáveis. Isto conduzirá, em última análise, a uma melhoria dos resultados globais em termos de saúde e bem-estar.

A importância de desenvolver a resiliência face à insegurança alimentar e às crises humanitárias é sublinhada pelo Objetivo 2, que destaca a importância de promover a resiliência. A capacidade de uma sociedade para resistir a choques e crises, como guerras, catástrofes naturais e recessões económicas, pode ser melhorada através da implementação de estratégias abrangentes que visem aumentar a produtividade agrícola, melhorar o acesso ao mercado e reforçar os sistemas de proteção social. O investimento em medidas que reforçam a resiliência não só melhora a segurança alimentar, como também ajuda a promover a paz, a estabilidade e a coesão social em toda a comunidade.

O segundo objetivo, designado por "Fome Zero", exemplifica um compromisso coletivo para a realização de um mundo em que todas as pessoas tenham acesso a alimentos adequados e nutritivos e estejam livres da fome e da subnutrição. Para além das preocupações humanitárias imediatas, o seu significado abrange dimensões mais amplas do desenvolvimento sustentável, dos direitos humanos e do bem-estar global. A sua importância ultrapassa o âmbito das preocupações humanitárias. Existe o potencial para as sociedades abrirem caminho para um futuro mais justo, inclusivo e sustentável para todas as pessoas se derem prioridade aos esforços para alcançar a Fome Zero.

Introdução ao papel da IA na realização do Objetivo 2 dos ODS

A incorporação da Inteligência Artificial (IA) nos esforços destinados a alcançar o Objetivo de Desenvolvimento Sustentável (ODS) 2, intitulado "Fome Zero", representa uma abordagem transformadora para enfrentar os desafios relacionados com a segurança alimentar global. A inteligência artificial está a emergir como uma ferramenta poderosa que tem o potencial de revolucionar as práticas agrícolas, melhorar os sistemas de distribuição de alimentos e melhorar os resultados nutricionais. Isto acontece numa altura em que as sociedades se debatem com as complexidades de alimentar uma população crescente face à degradação ambiental, às alterações climáticas e às disparidades socioeconómicas.

No seu cerne, o papel que a inteligência artificial desempenha no Objetivo de Desenvolvimento Sustentável 2 é impulsionado pela sua capacidade de analisar grandes quantidades de dados, reconhecer padrões e gerar conhecimentos que podem ser postos em ação em tempo real. A inteligência artificial permite que as partes interessadas tomem decisões informadas, optimizem a atribuição de recursos e reduzam os riscos em toda a cadeia de valor alimentar. Isto é conseguido através da utilização de algoritmos de aprendizagem automática, análises preditivas e tecnologias de deteção remota.

Agricultura de precisão: A aplicação da inteligência artificial à agricultura de precisão é muito promissora para melhorar a capacidade dos sistemas de produção alimentar de serem produtivos, sustentáveis e resilientes. Através da utilização de sensores, drones e dispositivos da Internet das Coisas (IoT), os agricultores podem recolher dados granulares sobre o estado do solo, o crescimento das suas culturas e as condições do ambiente. Para maximizar os rendimentos e, simultaneamente, minimizar a utilização de recursos e os impactos ambientais, os algoritmos de inteligência artificial analisam estes dados e geram recomendações individualizadas para otimizar a irrigação, a fertilização e as práticas de gestão de pragas, de modo a obter os melhores resultados.

Monitorização e gestão das culturas: Os sistemas baseados na inteligência artificial para a monitorização e gestão das culturas permitem a deteção precoce de pragas, doenças e outros factores de stress das culturas. Isto permite aos agricultores tomar medidas preventivas para proteger as suas culturas e minimizar as perdas de rendimento. Os algoritmos de inteligência artificial são capazes de identificar anomalias e tendências na saúde das culturas, a fim de permitir intervenções atempadas e intervenções agronómicas específicas. Isto é conseguido através do reconhecimento de imagens e da análise de imagens de satélite.

A inteligência artificial tem o potencial de revolucionar a distribuição de alimentos e a gestão da cadeia de abastecimento, tornando as cadeias de abastecimento mais eficientes, transparentes e resistentes. A otimização da cadeia de abastecimento está em processo de desenvolvimento. Através da implementação de modelos de previsão da procura que são orientados pela inteligência artificial, os intervenientes na cadeia de abastecimento são capazes de antecipar as flutuações na procura dos consumidores, otimizar os níveis de inventário e limitar o desperdício alimentar. A fim de garantir que os produtos alimentares são entregues aos consumidores em tempo útil e a um preço rentável, os algoritmos de otimização da logística que são alimentados pela inteligência artificial facilitam a otimização de rotas, a programação de veículos e o acompanhamento em tempo real.

Análise nutricional e segurança alimentar: As tecnologias de inteligência artificial estão a ser cada vez mais utilizadas para resolver deficiências nutricionais e melhorar os resultados da segurança alimentar. Os decisores políticos, os responsáveis pela saúde pública e as organizações humanitárias podem analisar os padrões alimentares, identificar lacunas nutricionais e desenvolver intervenções direccionadas para promover hábitos alimentares saudáveis e combater a subnutrição com a ajuda de ferramentas de avaliação nutricional alimentadas por inteligência artificial (IA). Além disso, os sistemas de monitorização da segurança alimentar baseados na inteligência artificial utilizam imagens de satélite e dados de teledeteção para avaliar a produtividade agrícola, monitorizar a disponibilidade de alimentos e identificar regiões em risco de insegurança alimentar. Isto permite uma intervenção atempada e a afetação de recursos.

Apoio às políticas e à tomada de decisões: Os sistemas analíticos e de apoio à decisão baseados na inteligência artificial oferecem aos decisores políticos e às partes interessadas informações valiosas sobre os complexos desafios da segurança alimentar. Estes sistemas também facilitam a tomada de decisões e a formulação de políticas baseadas em factos. A utilização da inteligência artificial permite às partes interessadas identificar estratégias eficazes para promover uma agricultura sustentável, melhorar o acesso aos alimentos e reduzir a insegurança alimentar. Isto é conseguido através da análise de uma variedade de conjuntos de dados e da simulação do impacto potencial das intervenções políticas.

É uma mudança de paradigma na forma como abordamos a segurança alimentar e o desenvolvimento agrícola que a inteligência artificial desempenha um papel na realização do Objetivo de Desenvolvimento Sustentável 2 (ODS 2). As partes interessadas podem desbloquear novas oportunidades de inovação, eficiência e sustentabilidade em toda a cadeia de valor alimentar, aproveitando o poder das tecnologias impulsionadas pela inteligência artificial (IA). Tal contribuirá, em última análise, para a concretização de um mundo em que ninguém sofra de fome ou malnutrição. No entanto, para concretizar plenamente o potencial da inteligência artificial na promoção do Objetivo de Desenvolvimento Sustentável 2, é necessário fazer um esforço concertado para enfrentar os desafios éticos, regulamentares e de governação, garantir um acesso equitativo às tecnologias de IA e incentivar a colaboração entre as várias partes interessadas, a fim de alcançar uma visão partilhada de um futuro com segurança alimentar.

CAPÍTULO 2

Compreender os desafios da segurança alimentar

Desafios e disparidades da segurança alimentar mundial

Os desafios e as disparidades associados à segurança alimentar mundial são questões multifacetadas causadas por uma combinação de factores socioeconómicos, ambientais, políticos e estruturais. Estas dificuldades e disparidades contribuem para desigualdades significativas no acesso a alimentos suficientes, seguros e nutritivos, o que, por sua vez, conduz à insegurança alimentar e à subnutrição de milhões de pessoas em todo o mundo. Seguem-se algumas das dimensões que devem ser examinadas a fim de aprofundar estes desafios e disparidades:

Desigualdade de rendimentos e pobreza: A pobreza continua a ser um dos principais factores que contribuem para a insegurança alimentar. Milhões de pessoas em todo o mundo não conseguem ter uma dieta suficiente para as suas necessidades. Dado que as comunidades marginalizadas e as populações vulneráveis não têm frequentemente acesso a alimentos nutritivos devido a restrições financeiras, a desigualdade de rendimentos é um fator que contribui para a gravidade global deste problema. Em consequência da pobreza e da desigualdade de rendimentos, o acesso à educação, aos cuidados de saúde e às oportunidades de emprego é limitado, o que contribui ainda mais para o ciclo da insegurança alimentar.

Alterações climáticas e degradação ambiental: As alterações climáticas constituem uma ameaça significativa para a segurança alimentar mundial, uma vez que alteram os padrões meteorológicos, aumentam a frequência e a intensidade de fenómenos meteorológicos extremos e perturbam a produtividade agrícola. Todos estes são resultados potenciais das alterações climáticas. As quebras de colheitas, as perdas de gado e a diminuição da produção alimentar são resultados potenciais da precipitação irregular, do aumento das temperaturas e das secas prolongadas, sobretudo em regiões particularmente susceptíveis a catástrofes relacionadas com o clima. Estes desafios são ainda agravados pela degradação ambiental, que inclui a desflorestação, a erosão dos solos e a escassez de água. Esta degradação compromete a resiliência dos sistemas agrícolas e torna a insegurança alimentar ainda mais grave.

Conflitos e instabilidade política: Os conflitos e a instabilidade política perturbam a produção, a distribuição e o acesso aos alimentos, o que, por sua vez, agrava a insegurança alimentar e as crises humanitárias nas regiões por eles afectadas. A interrupção das actividades agrícolas, a destruição de infra-estruturas e a perturbação das redes comerciais causam escassez de alimentos, picos de preços e fome. Os conflitos armados, a agitação civil e a deslocação das populações são factores que contribuem para estes problemas. Além disso, as populações afectadas por conflitos enfrentam frequentemente obstáculos que as impedem de receber assistência humanitária, o que as torna ainda mais susceptíveis à insegurança alimentar e à subnutrição.

Infra-estruturas e acesso ao mercado inadequados: Em muitas zonas, a produtividade agrícola é prejudicada e os esforços de distribuição dos recursos alimentares são dificultados por infra-estruturas inadequadas e por um acesso limitado ao mercado. Em resultado de redes de transporte inadequadas, da escassez de instalações de armazenamento e do acesso restrito aos mercados, os agricultores não conseguem entregar eficazmente os seus produtos aos consumidores, o que conduz a perdas pós-colheita e ao desperdício de alimentos. Além disso, as comunidades rurais marginalizadas não têm frequentemente acesso a serviços essenciais, como os cuidados de saúde, a educação e a água potável, o que agrava o problema da insegurança alimentar e restringe as oportunidades de desenvolvimento económico.

Desigualdade e discriminação contra as mulheres: A desigualdade e a discriminação contra as mulheres agravam a insegurança alimentar e a subnutrição ao restringirem o acesso das mulheres aos recursos, às oportunidades de educação e às oportunidades económicas. Apesar de, em muitas sociedades, as mulheres e as raparigas serem as principais responsáveis pela produção, preparação e nutrição dos alimentos, enfrentam frequentemente barreiras sistémicas à propriedade da terra, aos serviços financeiros e aos factores de produção agrícola. Além disso, a suscetibilidade das mulheres à insegurança alimentar e à subnutrição é ainda perpetuada pela violência baseada no género, pela desigualdade de acesso à educação e por normas sociais discriminatórias.

Para fazer face a estes desafios e disparidades em matéria de segurança alimentar a nível mundial, é necessária uma abordagem global e multissectorial. Esta abordagem deve abordar as causas subjacentes à insegurança alimentar, promovendo simultaneamente práticas agrícolas sustentáveis, o acesso equitativo aos recursos e o crescimento económico inclusivo. A fim de alcançar uma segurança alimentar sustentável para todas as pessoas, é essencial envidar esforços para reforçar os sistemas de proteção social, aumentar a resistência às alterações climáticas, promover a igualdade entre homens e mulheres e fomentar a cooperação internacional através da promoção da cooperação internacional. É possível que as partes interessadas trabalhem para um futuro em que todos tenham acesso a alimentos nutritivos e gozem de soberania e dignidade alimentares se enfrentarem estes desafios de forma coordenada e colaborativa.

Factores que contribuem para a fome e a subnutrição

É importante notar que as dinâmicas socioeconómicas, ambientais e políticas estão intrinsecamente interligadas com os factores que contribuem para a fome e a subnutrição. Uma investigação abrangente destas questões revela a complexidade e a interligação dos problemas que ameaçam o bem-estar nutricional e a segurança alimentar das pessoas em todo o mundo.

Os problemas da pobreza e da desigualdade: A pobreza é a causa principal da fome e da subnutrição das populações. Esta situação perpetua ainda mais os ciclos de privação ao limitar o acesso a recursos essenciais como a alimentação, os cuidados de saúde e a educação. As famílias das comunidades economicamente desfavorecidas dão frequentemente maior prioridade à satisfação das necessidades imediatas do que à consecução de objectivos nutricionais a longo prazo, o que resulta em regimes alimentares inadequados e em subnutrição. Além disso, a desigualdade de rendimentos agrava a insegurança alimentar porque os grupos marginalizados têm mais dificuldade em aceder a serviços essenciais e a alimentos ricos em nutrientes.

Acesso limitado aos alimentos: Embora seja um direito humano fundamental ter acesso a alimentos suficientes, seguros e nutritivos, milhões de pessoas não têm um acesso consistente aos alimentos devido a uma série de obstáculos. O acesso ao abastecimento alimentar é limitado nas zonas rurais devido à reduzida quantidade de infra-estruturas de mercado e de redes de transporte disponíveis. Nos centros urbanos, as populações vulneráveis não conseguem satisfazer as suas necessidades nutricionais devido ao elevado custo dos alimentos e à falta de redes de segurança social adequadas. Além disso, os desertos alimentares, que são regiões com acesso limitado a alimentos nutritivos e a preços acessíveis, agravam ainda mais o problema da insegurança alimentar em comunidades já marginalizadas.

Alterações climáticas e degradação ambiental: A perturbação dos padrões meteorológicos, a alteração das estações de crescimento e o aumento da frequência de fenómenos meteorológicos extremos são ameaças significativas para a segurança alimentar global que são colocadas pelas alterações climáticas. A imprevisibilidade da precipitação, as secas prolongadas e o aumento das temperaturas podem ter um impacto devastador no rendimento das colheitas, reduzir a produtividade do gado e degradar a qualidade da terra, em especial nas regiões que dependem da agricultura alimentada pela chuva. A degradação do ambiente, que inclui aspectos como a erosão dos solos, a desflorestação e o esgotamento dos recursos naturais, agrava ainda mais o problema da insegurança alimentar ao enfraquecer a resistência dos ecossistemas e ao reduzir a produtividade agrícola.

Instabilidade e conflito: Os conflitos e a instabilidade política são um dos principais factores que contribuem para a perturbação dos sistemas alimentares, a destruição dos meios de subsistência agrícolas e o agravamento da insegurança alimentar e da subnutrição. A produção alimentar é perturbada, as infra-estruturas são destruídas e as cadeias de abastecimento são interrompidas em resultado de conflitos armados, agitação civil e deslocação de populações. Esta situação resulta na escassez de alimentos e na volatilidade dos preços. Além disso, as populações afectadas por conflitos enfrentam frequentemente obstáculos que as impedem de receber assistência humanitária, o que as torna ainda mais susceptíveis à insegurança alimentar e à subnutrição. Nas zonas de conflito, os alimentos são muitas vezes utilizados como arma de guerra e os civis são frequentemente sujeitos a tácticas de cerco e a proibições de fornecimento de alimentos.

Infra-estruturas inadequadas e acesso ao mercado: As infra-estruturas inadequadas, que incluem estradas deficientes, instalações de armazenamento limitadas e redes de transporte pouco fiáveis, impedem a circulação eficiente dos alimentos das zonas de produção para os mercados. Isto é um problema porque torna mais difícil o acesso aos mercados. Como consequência, os agricultores podem sofrer perdas pós-colheita significativas, o que reduziria o seu rendimento e a quantidade de alimentos disponíveis. Além disso, o acesso limitado dos pequenos agricultores aos mercados e aos serviços financeiros dificulta-lhes o investimento em factores de produção agrícola, a adoção de tecnologias modernas e a melhoria da sua produtividade. Este facto contribui para a perpetuação dos ciclos de pobreza e de insegurança alimentar.

Preocupações relativas ao saneamento e à escassez de água: É essencial ter acesso a água potável e a instalações sanitárias para garantir uma nutrição adequada e para prevenir doenças que são transmitidas através do abastecimento de água. Por outro lado, milhões de pessoas não têm acesso a água potável limpa e a instalações sanitárias, o que as torna mais susceptíveis de contrair doenças transmitidas pela água, como a diarreia, a cólera e a febre tifoide. Em resultado da escassez de água, da poluição e da inadequação das infra-estruturas de saneamento, a segurança alimentar e as práticas de higiene ficam comprometidas, o que, por sua vez, aumenta o risco de desnutrição e de doenças infecciosas, especialmente entre as crianças e as populações vulneráveis.

Desigualdade e discriminação com base no género: A fome e a subnutrição são perpetuadas pelas disparidades de género porque restringem o acesso das mulheres aos recursos, ao poder de decisão e às oportunidades económicas. Em muitas sociedades, a principal responsabilidade pela produção, preparação e prestação de cuidados alimentares recai sobre as mulheres e as raparigas; no entanto, estas enfrentam frequentemente barreiras sistémicas à propriedade da terra, aos serviços financeiros e aos factores de produção agrícola. Isto apesar do facto de constituírem a maioria da população. As mulheres e as raparigas são ainda mais marginalizadas em resultado da violência baseada no género, do acesso desigual à educação e de normas sociais discriminatórias, o que agrava ainda mais a sua suscetibilidade à insegurança alimentar e à subnutrição.

É necessária uma abordagem abrangente e multi-setorial que aborde as desigualdades estruturais subjacentes, promova práticas de desenvolvimento sustentável e capacite as comunidades marginalizadas, a fim de enfrentar estes desafios de longa data. É essencial fazer investimentos em áreas como a redução da pobreza, a educação, os cuidados de saúde, a resistência às alterações climáticas e a igualdade de género, a fim de construir sistemas alimentares mais inclusivos e sustentáveis. Estes sistemas devem assegurar que todos tenham acesso garantido aos alimentos e ao bem-estar nutricional. É possível que as sociedades trabalhem no sentido de concretizar a visão de um mundo em que todos tenham acesso a alimentos nutritivos e gozem do seu direito à segurança alimentar e à dignidade, se abordarem as causas subjacentes à fome e à malnutrição.

A importância da luta contra a insegurança alimentar para o desenvolvimento sustentável

A adoção de medidas para combater a insegurança alimentar é essencial para alcançar o desenvolvimento sustentável, devido às profundas implicações que tem em várias dimensões:

Saúde e bem-estar dos seres humanos: É essencial para a saúde e o bem-estar dos seres humanos receber uma quantidade adequada de nutrição. A insegurança alimentar crónica e a subnutrição são factores que contribuem para uma série de problemas de saúde, como o atraso no crescimento, as deficiências em micronutrientes e as doenças relacionadas com a alimentação, como a obesidade e a diabetes. A subnutrição está associada a uma maior taxa de morbilidade e mortalidade porque os indivíduos subnutridos têm maior probabilidade de contrair infecções e doenças. As comunidades têm a capacidade de melhorar os resultados em termos de saúde, aumentar a produtividade e reduzir os custos dos cuidados de saúde, garantindo o acesso a alimentos nutritivos. Isto contribui para o bem-estar geral e a qualidade de vida.

Alívio da pobreza: A insegurança alimentar e a pobreza são dois fenómenos que se reforçam mutuamente, sendo que a pobreza é simultaneamente uma causa e uma consequência da fome. Quando as pessoas são pobres, têm mais dificuldade em aceder a serviços essenciais como a alimentação, os cuidados de saúde, a educação e outras necessidades, o que as mantém presas em ciclos de privação e vulnerabilidade. Como forma de permitir que os indivíduos e as famílias se libertem dos grilhões da pobreza e procurem oportunidades de capacitação económica e mobilidade social, a abordagem da insegurança alimentar é uma componente essencial dos esforços para aliviar a pobreza. As sociedades têm a capacidade de criar vias para sair da pobreza e construir comunidades mais resistentes se promoverem um crescimento inclusivo, um acesso equitativo aos recursos e sistemas de proteção social.

Meios de subsistência e desenvolvimento económico: O fornecimento de segurança alimentar é uma condição prévia essencial tanto para o desenvolvimento económico como para o desenvolvimento económico sustentável. As pessoas podem ter uma vida saudável e produtiva se tiverem acesso a alimentos suficientes, seguros e nutritivos. Isto aumenta a sua capacidade para participar na força de trabalho, prosseguir a educação e o desenvolvimento de competências e contribuir para o crescimento económico. Além disso, os investimentos na agricultura, na transformação de alimentos e na agroindústria geram oportunidades de emprego, estimulam as economias rurais e impulsionam a diversificação económica, o que contribui para o desenvolvimento de comunidades inclusivas e sustentáveis. O potencial da agricultura como motor da prosperidade económica e da redução da pobreza pode ser desbloqueado pelas sociedades através do reforço das cadeias de valor, da promoção do acesso ao mercado e do apoio aos pequenos agricultores e aos empresários rurais.

Sustentabilidade do ambiente: Os padrões de produção e consumo de alimentos que não são sustentáveis representam ameaças significativas para a integridade ecológica e a sustentabilidade do ambiente. As alterações climáticas são agravadas pela agricultura industrial, a desflorestação e a produção animal intensiva, que contribuem para a emissão de gases com efeito de estufa, a perda de biodiversidade e a degradação dos solos. Estas actividades prejudicam a resiliência dos ecossistemas e agravam as alterações climáticas. É possível que as sociedades reduzam os seus efeitos negativos no ambiente, conservem os recursos naturais e reduzam os efeitos das alterações climáticas se promoverem práticas agrícolas sustentáveis, abordagens agroecológicas e sistemas de produção alimentar eficientes em termos de recursos. A conservação da biodiversidade, a saúde dos solos, a gestão responsável da água e a resiliência dos ecossistemas são as principais prioridades dos sistemas alimentares sustentáveis. Estes sistemas asseguram a viabilidade a longo prazo da produção alimentar, preservando simultaneamente o equilíbrio ecológico do planeta para as gerações futuras.

Ao afetar de forma desproporcionada as populações marginalizadas e vulneráveis, a insegurança alimentar contribui para a perpetuação das desigualdades e prejudica a coesão social. A equidade e a inclusão sociais são também promovidas por este fenómeno. A insegurança alimentar tem frequentemente um impacto negativo desproporcionado nas mulheres, nas crianças, nas comunidades indígenas e nos agregados familiares rurais. Isto deve-se às barreiras sistémicas que existem em termos de recursos, oportunidades educativas e perspectivas económicas. A fim de combater a insegurança alimentar, é necessário abordar as causas subjacentes à desigualdade, à discriminação e à exclusão; promover políticas que sejam inclusivas; e capacitar os grupos marginalizados para participarem nos processos de tomada de decisões que afectam a sua segurança alimentar e o seu bem-estar. Através da promoção da justiça social, do acesso equitativo aos recursos e de mecanismos de governação inclusivos, as sociedades têm a capacidade de construir comunidades mais resistentes e coesas, e nas quais os membros individuais têm a oportunidade de prosperar.

Resiliência e resposta a situações de emergência: É possível que uma sociedade se torne mais vulnerável a choques e crises, tais como catástrofes naturais, conflitos armados e pandemias, se não tiver acesso a um abastecimento alimentar suficiente. Este facto prejudica a capacidade de resistência da sociedade. Em tempos de crise, como a pandemia de COVID-19, as perturbações nos sistemas alimentares e nas cadeias de abastecimento agravaram a insegurança alimentar. Isto aconteceu devido ao facto de a insegurança alimentar ter sido agravada. As perturbações causaram danos desproporcionados às populações vulneráveis, o que agravou ainda mais as desigualdades existentes. Para construir sistemas alimentares resistentes, é necessário reforçar as redes de segurança social, melhorar os mecanismos de preparação e de resposta a situações de emergência e promover a capacidade de adaptação, a fim de antecipar e atenuar os efeitos dos choques e das crises na segurança alimentar. Ao investir em sistemas de alerta precoce, estratégias de redução do risco de catástrofes e iniciativas de resiliência baseadas na comunidade, as sociedades têm o potencial de melhorar a sua capacidade de resistir e recuperar das crises. Esta é uma possibilidade. Graças a isso, será possível garantir que todos os indivíduos continuem a ter acesso à segurança alimentar, mesmo perante os desafios.

Em resumo, a resolução do problema da insegurança alimentar não é apenas essencial do ponto de vista moral, mas é também essencial do ponto de vista estratégico, a fim de alcançar um desenvolvimento sustentável. Isto porque a insegurança alimentar é um dos principais factores que contribuem para a crise alimentar mundial. Para garantir que todos tenham acesso a alimentos nutritivos, que possam usufruir do seu direito à segurança alimentar e que possam viver com dignidade e prosperidade, é possível que as sociedades adoptem abordagens holísticas e integradas. Isto é possível se se reconhecer a interligação da segurança alimentar com outros factores, como a saúde, a pobreza, o desenvolvimento económico, a sustentabilidade ambiental, a equidade social e a resiliência.

CAPÍTULO 3

Aplicações da IA na agricultura

Panorama das tecnologias de IA na agricultura

No processo de revolucionar a agricultura, as tecnologias de inteligência artificial surgiram como ferramentas poderosas que oferecem soluções inovadoras para enfrentar uma variedade de desafios com que se depara o sector agrícola. As tecnologias de inteligência artificial têm o potencial de alterar significativamente o cultivo, a colheita e a distribuição de alimentos de várias formas, incluindo o aumento da produtividade das culturas e a eficiência dos recursos, bem como a melhoria dos processos de tomada de decisões. Estas são as principais áreas incluídas numa visão geral das tecnologias de inteligência artificial na agricultura:

Agricultura de precisão: Este tipo de agricultura recorre a tecnologias alimentadas por inteligência artificial, como sensores, drones e imagens de satélite, para recolher e analisar dados relativos à saúde do solo, padrões climáticos, crescimento das culturas e infestações de pragas. Os agricultores podem tomar decisões relativas à irrigação, fertilização e gestão de pragas com base em dados, utilizando algoritmos de aprendizagem automática. Isto permite-lhes maximizar os rendimentos, minimizando o seu impacto no ambiente, bem como otimizar a utilização dos recursos e maximizar os rendimentos. O aumento da saúde, resiliência e qualidade das culturas pode ser conseguido através da utilização da agricultura de precisão, que permite intervenções direccionadas ao nível de cada planta.

Monitorização e gestão das culturas: As tecnologias de inteligência artificial permitem monitorizar e gerir as culturas em tempo real durante toda a época de crescimento. Os agricultores podem detetar sinais precoces de stress, doenças e deficiências de nutrientes nas culturas através da utilização de técnicas de deteção remota, como a imagem hiperespectral e a imagem térmica. Isto permite a realização de intervenções atempadas, o que, por sua vez, reduz as perdas de rendimento. Os agricultores podem otimizar os calendários de plantação, gerir a logística da colheita e minimizar as perdas pós-colheita, utilizando modelos de culturas alimentados por inteligência artificial (IA). Estes modelos prevêem o potencial de rendimento, as trajectórias de crescimento e as épocas de colheita ideais.

Sistemas de análise preditiva e de apoio à decisão: Os sistemas de análise preditiva e de apoio à decisão que são alimentados por inteligência artificial ajudam os agricultores a antecipar e a mitigar os riscos, a otimizar a utilização dos factores de produção e a otimizar a atribuição de recursos. Os algoritmos de IA geram recomendações accionáveis que são adaptadas às condições e objectivos específicos das explorações agrícolas, analisando dados históricos, previsões meteorológicas, tendências de mercado e conhecimentos agronómicos com o objetivo de melhorar as práticas agrícolas. Os agricultores podem tomar decisões mais informadas sobre a seleção de culturas, estratégias de plantação e oportunidades de mercado com a ajuda de sistemas de apoio à decisão, o que, em última análise, conduz a uma maior rentabilidade e sustentabilidade através da agricultura.

Irrigação inteligente e gestão da água: As tecnologias de inteligência artificial desempenham um papel significativo na maximização dos benefícios da utilização da água e no aumento da eficácia da irrigação em ambientes agrícolas. A utilização de sensores de humidade do solo, dados meteorológicos e modelos de evapotranspiração são utilizados por sistemas de rega inteligentes para determinar horários e volumes de rega precisos. Isto ajuda a reduzir a quantidade de água desperdiçada e a conservar recursos limitados. A utilização de algoritmos de inteligência artificial promove práticas sustentáveis de gestão da água, optimizando a distribuição da água, detectando fugas e ineficiências, e dando prioridade à atribuição de água com base nas necessidades das culturas e nas condições do ambiente.

No domínio da genética e do melhoramento das culturas, as técnicas de análise genómica e de melhoramento molecular baseadas na inteligência artificial têm o potencial de acelerar o desenvolvimento de novas variedades de culturas com características melhoradas, como o aumento do potencial de rendimento, a resistência às doenças e a tolerância ao stress. A fim de identificar marcadores genéticos associados a características desejáveis, os algoritmos de aprendizagem automática analisam vastos conjuntos de dados genómicos. Isto dá aos criadores a capacidade de prever a expressão de características e selecionar candidatos promissores para programas de melhoramento futuros. As tecnologias de edição de genes baseadas na inteligência artificial, como a CRISPR-Cas9, permitem manipular com precisão os genomas das plantas. Isto permite desenvolver culturas com perfis nutricionais melhorados, menor impacto ambiental e maior resistência às alterações climáticas.

Otimização da cadeia de abastecimento e logística: As tecnologias de inteligência artificial optimizam a gestão da cadeia de abastecimento e a logística na agricultura, o que agiliza a circulação de mercadorias desde a exploração agrícola até ao mercado. A utilização de modelos de análise preditiva e de previsão da procura permite a otimização dos níveis de inventário, a redução do desperdício alimentar e a antecipação das flutuações da oferta e da procura. Os algoritmos de otimização logística que são orientados pela inteligência artificial optimizam as rotas de transporte, a programação de veículos e as rotas de entrega. Isto garante que os produtos agrícolas são entregues aos consumidores em tempo útil e a um preço económico, reduzindo simultaneamente as emissões de carbono e os custos de transporte.

A produtividade agrícola, a sustentabilidade e a resiliência podem ser significativamente melhoradas através da implementação de tecnologias de IA, que oferecem soluções transformadoras. Através da utilização da análise de dados, da aprendizagem automática e da automatização, os agricultores podem otimizar a utilização dos recursos, atenuar os riscos e abrir novas oportunidades de inovação e crescimento. As tecnologias de IA são ferramentas inestimáveis para satisfazer as exigências de uma população em crescimento e, simultaneamente, proteger os recursos naturais do planeta para as gerações futuras. Isto é especialmente importante tendo em conta o facto de a agricultura estar atualmente a enfrentar desafios em evolução, como as alterações climáticas, as limitações de recursos e a segurança alimentar.

A agricultura de precisão e o seu impacto na produção alimentar

Através da integração da tecnologia, da análise de dados e das ferramentas de tomada de decisões, a agricultura de precisão está a revolucionar as práticas agrícolas tradicionais. O objetivo desta revolução é maximizar a produção agrícola, minimizando o consumo de recursos e reforçando a sustentabilidade. O impacto que tem na produção alimentar é significativo, uma vez que fornece aos agricultores soluções inovadoras para enfrentar uma variedade de desafios, aumentando simultaneamente os rendimentos e reduzindo os seus efeitos negativos no ambiente. Neste artigo, vamos aprofundar o tema da agricultura de precisão e examinar alguns exemplos da sua influência na produção de alimentos:

Tomada de decisões determinada por dados: Com o objetivo de informar os processos de tomada de decisão, a agricultura de precisão depende da recolha e análise de quantidades extraordinariamente grandes de dados. Para recolher informações sobre as características do solo, os padrões climáticos, a saúde da cultura e a presença de infestações de pragas, os agricultores utilizam uma vasta gama de tecnologias, tais como sensores, drones, imagens de satélite e sistemas GPS. Os agricultores podem obter informações valiosas sobre o desempenho das culturas, identificar áreas de ineficiência e tomar decisões informadas relativamente à plantação, irrigação, fertilização e gestão de pragas para as suas culturas, analisando estes dados através de algoritmos e técnicas avançadas de aprendizagem automática.

Duas das vantagens mais importantes da agricultura de precisão é a sua capacidade de maximizar a utilização de recursos como a água, os fertilizantes e os pesticidas. Esta é uma das vantagens mais importantes da agricultura de precisão. Os agricultores podem reduzir a quantidade de água desperdiçada e maximizar a eficiência com que utilizam a água, utilizando sistemas de irrigação de precisão equipados com sensores de humidade do solo e previsões meteorológicas. Estes sistemas permitem aos agricultores fornecer a quantidade de água adequada às culturas no momento certo. Na mesma linha, a tecnologia de aplicação de taxa variável permite aos agricultores aplicar fertilizantes e pesticidas apenas onde e quando são necessários, reduzindo assim os custos dos factores de produção e minimizando os efeitos negativos no ambiente, como o escoamento de nutrientes e a erosão do solo.

Melhoria da monitorização e gestão das culturas: A agricultura de precisão permite a monitorização e a gestão das culturas em tempo real ao longo da estação de crescimento. Os agricultores são capazes de detetar sinais precoces de stress, doenças e deficiências nutricionais utilizando tecnologias de deteção remota, como drones e satélites. Estas tecnologias fornecem aos agricultores imagens de alta resolução dos seus campos. Por exemplo, a imagiologia multiespectral pode identificar áreas de stress nas culturas causadas por factores como a falta de água ou deficiências de nutrientes. Isto dá aos agricultores a oportunidade de tomar medidas correctivas antes que ocorram perdas significativas de rendimento. Ao mesmo tempo, as imagens térmicas podem identificar flutuações na temperatura das culturas, o que pode ser uma indicação da presença de potenciais surtos de doenças ou infestações de pragas.

Previsão e otimização do rendimento: A análise preditiva, impulsionada pela inteligência artificial, desempenha um papel significativo na otimização das estratégias de produção e na previsão dos rendimentos das culturas. A geração de previsões de rendimento precisas e a identificação de factores que influenciam a variabilidade do rendimento podem ser realizadas pelos agricultores através da análise de dados históricos, previsões meteorológicas e conhecimentos agronómicos. Estes factores incluem a composição do solo, os padrões climáticos e a potencial pressão de pragas. A título de exemplo, os modelos preditivos podem ajudar os agricultores a determinar as datas de plantação, as variedades de culturas e os calendários de irrigação mais adequados, a fim de maximizar os rendimentos e minimizar os riscos associados a condições meteorológicas adversas ou a surtos de pragas.

Melhoria da gestão ambiental e da sustentabilidade: A agricultura de precisão ajuda a reduzir a pegada ambiental das operações agrícolas, o que, por sua vez, promove práticas agrícolas ambientalmente responsáveis e a gestão ambiental. Ao minimizar a utilização de recursos, otimizar a aplicação de factores de produção e adotar práticas de lavoura de conservação, os agricultores podem reduzir a quantidade de emissões de gases com efeito de estufa associadas aos métodos agrícolas convencionais, bem como atenuar a erosão do solo e conservar a água. A título de exemplo, práticas como o plantio direto ou a lavoura reduzida incentivam a retenção da humidade do solo, a melhoria da estrutura do solo e o sequestro de carbono no solo. Estas práticas contribuem para a atenuação das alterações climáticas e melhoram a saúde e a fertilidade do solo ao longo do tempo.

A agricultura de precisão melhora, em última análise, a viabilidade económica e a rentabilidade das operações agrícolas, aumentando os rendimentos, reduzindo os custos dos factores de produção e melhorando a eficiência global. Isto é conseguido através da maximização dos rendimentos, da minimização dos custos dos factores de produção e da melhoria da eficiência global. Os agricultores podem melhorar os seus resultados e obter um maior retorno do investimento se maximizarem a utilização dos seus recursos e minimizarem a quantidade de resíduos que deixam para trás. Além disso, a agricultura de precisão dá aos agricultores a possibilidade de aceder a novos mercados, satisfazer a procura dos consumidores de alimentos produzidos de forma sustentável e diferenciar os seus produtos com base na qualidade e na gestão ambiental.

Em poucas palavras, a agricultura de precisão é uma abordagem revolucionária da produção alimentar que utiliza a tecnologia e os dados para maximizar a utilização dos recursos, aumentar a produtividade e promover a sustentabilidade. A agricultura de precisão tem o potencial de enfrentar os desafios globais da segurança alimentar, minimizando simultaneamente os impactos ambientais e maximizando o retorno económico para os agricultores. Para tal, é necessário fornecer aos agricultores as ferramentas e os conhecimentos necessários para tomarem decisões informadas no contexto de práticas agrícolas específicas. A agricultura de precisão vai desempenhar um papel cada vez mais importante na determinação do futuro da produção alimentar e da sustentabilidade agrícola, à medida que a tecnologia continua a avançar e surgem novas inovações.

Sistemas de monitorização e gestão de culturas baseados em IA

Uma abordagem revolucionária à agricultura é representada por sistemas de monitorização e gestão de culturas que são alimentados por inteligência artificial. Estes sistemas fornecem aos agricultores informações em tempo real e a capacidade de fazer previsões, permitindo-lhes otimizar a saúde das culturas, maximizar os rendimentos e mitigar os riscos. Ao longo da estação de crescimento, estes sistemas utilizam tecnologias como a inteligência artificial (IA), a análise de dados e a deteção remota para monitorizar as condições das culturas, identificar anomalias e tomar decisões com base nos dados recolhidos com a ajuda destas tecnologias. Esta é uma análise aprofundada dos sistemas de monitorização e gestão de culturas que são impulsionados pela inteligência artificial:

Tecnologias de deteção remota: Os sistemas de monitorização de culturas baseados em inteligência artificial utilizam uma vasta gama de tecnologias de deteção remota, como satélites, drones e imagens aéreas, para recolher dados de alta resolução sobre a saúde das culturas, padrões de crescimento e condições ambientais. Utilizando imagens de satélite, os agricultores podem monitorizar grandes áreas de terrenos agrícolas e identificar tendências ao longo do tempo. Isto é possível graças à cobertura alargada e às actualizações frequentes que as imagens de satélite proporcionam. Os agricultores podem obter informações mais específicas sobre plantas individuais e as condições do campo utilizando drones, que fornecem imagens mais específicas e detalhadas em termos espaciais. Estas tecnologias de teledeteção produzem enormes quantidades de dados, que são depois processados e analisados por meio de algoritmos de inteligência artificial, a fim de obter informações que podem ser postas em prática.

Recolha e integração de dados: Os sistemas de monitorização de culturas baseados em inteligência artificial recolhem uma grande variedade de tipos de dados, como imagens multiespectrais, imagens térmicas e índices de vegetação, para avaliar a saúde da cultura e identificar quaisquer alterações na fisiologia da planta. O objetivo destes sistemas é fornecer uma imagem abrangente das condições das culturas e dos factores ambientais que influenciam o crescimento das plantas. Para além dos dados de imagem, estes sistemas podem também integrar dados meteorológicos, medições da humidade do solo e dados históricos de rendimento. A capacidade dos algoritmos de inteligência artificial para reconhecer correlações, padrões e tendências que podem não ser óbvios apenas através da observação visual é possível graças à integração de dados provenientes de múltiplas fontes.

Processamento e análise de imagens: Os algoritmos de inteligência artificial desempenham um papel fundamental no processamento e análise das enormes quantidades de dados de imagem que são recolhidos pelas tecnologias de teledeteção. Várias técnicas de aprendizagem automática, incluindo redes neurais convolucionais (CNN) e algoritmos de aprendizagem profunda, são treinadas em grandes conjuntos de dados para identificar padrões e características indicativos da saúde das culturas, do stress a que estão sujeitas e das fases do seu crescimento. Para permitir a deteção precoce de problemas como deficiências de nutrientes, infestações de pragas e stress hídrico, estes algoritmos são capazes de detetar variações subtis na cor, textura e estrutura das plantas. Ao automatizar o processo de análise, os sistemas de monitorização de culturas que são alimentados por inteligência artificial são capazes de processar grandes volumes de imagens de forma rápida e precisa, fornecendo assim aos agricultores informações atempadas.

Deteção de anomalias e alertas informativos: Os sistemas de monitorização agrícola que são alimentados por inteligência artificial utilizam algoritmos de deteção de anomalias para identificar desvios do comportamento típico das culturas e para notificar os agricultores de quaisquer problemas ou oportunidades potenciais. No caso de uma determinada região do campo apresentar níveis anormais de stress da vegetação ou de teor de humidade, por exemplo, o sistema tem a capacidade de identificar essa região como um problema potencial que exige uma investigação mais aprofundada. Da mesma forma, o sistema é capaz de notificar os agricultores sobre potenciais oportunidades para aumentar as colheitas ou melhorar as práticas de gestão, se uma determinada variedade de cultura apresentar sinais de rendimentos superiores aos previstos. Através da utilização destes alertas, os agricultores podem tomar medidas preventivas para resolver os problemas antes que estes se tornem mais graves e capitalizar as condições favoráveis para maximizar o desempenho das culturas.

Análise preditiva e apoio à decisão: Os sistemas de monitorização de culturas baseados na inteligência artificial utilizam a análise preditiva para prever o desempenho futuro das culturas e otimizar as decisões de gestão. A geração de modelos preditivos que estimam o rendimento das culturas, as trajectórias de crescimento e os planos de plantação ideais pode ser realizada por algoritmos de inteligência artificial através da análise de dados históricos e variáveis ambientais. Com a ajuda destes modelos, os agricultores podem tomar decisões informadas sobre a programação da irrigação, a aplicação de fertilizantes e as estratégias de gestão de pragas. Isto permite-lhes maximizar os rendimentos e, simultaneamente, minimizar o consumo de recursos e os impactos ambientais. As ferramentas de apoio à decisão dão aos agricultores a capacidade de otimizar as práticas de gestão das culturas e de se adaptarem à evolução das condições ao longo da estação de crescimento, fornecendo-lhes recomendações que podem ser postas em prática com base em dados em tempo real e em previsões.

Integração com sistemas de gestão agrícola: Os sistemas de monitorização de culturas baseados em inteligência artificial podem ser integrados com software de gestão agrícola pré-existente e ferramentas de agricultura de precisão, a fim de simplificar os processos de recolha de dados, análise e tomada de decisões. Os agricultores dispõem de uma plataforma centralizada que lhes permite aceder e visualizar os dados das culturas, monitorizar as condições do campo e acompanhar os indicadores de desempenho. Isto é possível graças à integração destas ferramentas com sistemas de gestão agrícola. A integração com ferramentas de agricultura de precisão, tais como equipamento de aplicação de taxa variável e maquinaria guiada por GPS, dá aos agricultores a capacidade de implementar práticas de gestão específicas para cada local, com base em recomendações orientadas por inteligência artificial. Isto resulta numa maior eficiência e numa diminuição dos custos dos factores de produção.

De acordo com um resumo, os sistemas de monitorização e gestão das culturas baseados na inteligência artificial são uma tecnologia revolucionária para a agricultura moderna. Estes sistemas proporcionam aos agricultores conhecimentos e capacidades nunca antes vistos, permitindo-lhes maximizar a produção agrícola, minimizar os riscos e promover a sustentabilidade. Estes sistemas permitem que os agricultores tomem decisões mais informadas, obtenham rendimentos mais elevados e assegurem a viabilidade a longo prazo das suas operações numa paisagem agrícola que se está a tornar cada vez mais complexa e dinâmica. Fazem-no aproveitando o poder da inteligência artificial (IA), da análise de dados e das tecnologias de deteção remota.

Estudos de casos de implementações bem sucedidas de IA na agricultura

Existem vários estudos de casos que demonstram o sucesso da aplicação de tecnologias de inteligência artificial na agricultura. Estes estudos de casos demonstram o impacto positivo que estas tecnologias tiveram na gestão das culturas, na otimização dos recursos e nos processos de tomada de decisões. Abaixo estão listados alguns exemplos que são particularmente dignos de nota:

"Em 2017, a John Deere adquiriu a Blue River Technology, responsável pelo desenvolvimento de uma solução para a agricultura de precisão conhecida como See & Spray. Para diferenciar culturas e ervas daninhas em tempo real, este sistema, que é alimentado por inteligência artificial, recorre à visão computacional e a algoritmos de machine learning. Quando comparado com os métodos de pulverização tradicionais, o sistema See & Spray, que é montado num trator, pulveriza herbicidas apenas nas ervas daninhas que estão a ser visadas, reduzindo assim a quantidade de produtos químicos utilizados em até 90%. Os agricultores podem melhorar o rendimento das culturas, reduzir os impactos ambientais e minimizar a resistência aos herbicidas se atacarem as ervas daninhas com precisão. Especificamente, a tecnologia provou ser particularmente bem sucedida no cultivo de culturas em linha como o milho, o algodão e a soja.

The Climate Corporation, que está sediada na Bayer: A The Climate Corporation, uma subsidiária da Bayer, disponibiliza um conjunto de ferramentas agrícolas digitais baseadas em inteligência artificial (IA), incluindo o Climate

FieldView. Com o objetivo de ajudar os agricultores a tomar decisões orientadas por dados ao longo da estação de crescimento, esta plataforma incorpora imagens de satélite, dados meteorológicos, mapas do solo e conhecimentos agronómicos. O Climate FieldView gera recomendações específicas para a plantação, fertilização e irrigação, analisando dados históricos e variáveis ambientais. Estas recomendações permitem maximizar os rendimentos, minimizando a quantidade de recursos utilizados. Além disso, a plataforma oferece análises preditivas para a previsão do rendimento e a gestão do risco, o que permite aos agricultores reduzir a probabilidade de incorrerem em perdas devido a condições climatéricas adversas ou surtos de pragas.

Gamaya: A empresa Agtech Gamaya, sediada na Suíça, está a desenvolver soluções baseadas na inteligência artificial para a agricultura de precisão e a monitorização das culturas. Através da utilização da sua tecnologia de imagem hiperespectral, os agricultores podem monitorizar as condições dos seus campos com um nível de precisão sem precedentes. Esta tecnologia capta dados pormenorizados sobre a saúde das culturas, os níveis de nutrientes e as situações de stress hídrico. Através da utilização de algoritmos de aprendizagem automática e da análise de imagens hiperespectrais, a plataforma Gamaya é capaz de identificar sinais de alerta precoce de doenças das culturas, deficiências de nutrientes e infestações de pragas. Isto permite aos agricultores tomar medidas correctivas em tempo útil. A tecnologia foi implementada numa variedade de culturas, incluindo cereais, legumes e frutas, com o objetivo de otimizar os insumos, reduzir as perdas e aumentar os rendimentos.

Genómica de traços: A quarta etapa, a Trace Genomics, fornece uma plataforma para testes do solo e análise do microbioma que recorre à inteligência artificial e à sequenciação genómica para avaliar a fertilidade e a saúde do solo. A Trace Genomics é capaz de identificar micróbios benéficos, agentes patogénicos e níveis de nutrientes através da análise de amostras de solo recolhidas nos campos.

Isto permite aos agricultores ter uma ideia da qualidade e da fertilidade do solo. A fim de ajudar os agricultores a melhorar a saúde do solo, aumentar a disponibilidade de nutrientes e aumentar a resiliência das culturas às pressões ambientais, a plataforma gera recomendações personalizadas para correcções do solo, culturas de cobertura e rotações de culturas. As vinhas, as culturas especializadas e outros sistemas agrícolas de elevado valor demonstraram um interesse significativo na adoção desta tecnologia.

Taranis: A Taranis, uma empresa israelita de tecnologia agrícola, está a desenvolver uma plataforma de reconhecimento de culturas e de gestão de pragas que é alimentada por inteligência artificial. Os drones Taranis estão equipados com câmaras de alta resolução e sensores multiespectrais, que lhes permitem captar imagens detalhadas dos campos. Isto dá aos agricultores a capacidade de identificar com exatidão doenças das culturas, deficiências de nutrientes e infestações de pragas. A plataforma Taranis é capaz de detetar sinais precoces de stress nas culturas através da análise de imagens aéreas com algoritmos de aprendizagem profunda. Isto permite aos agricultores implementar intervenções direccionadas, como pulverizações de precisão ou tratamentos localizados, para evitar perdas de rendimento e maximizar a saúde das culturas. A tecnologia foi implementada numa grande variedade de culturas, incluindo cereais, frutas e legumes, com o objetivo de aumentar a produtividade e garantir o crescimento sustentável contínuo das culturas. No domínio da agricultura, estes estudos de caso ilustram as numerosas aplicações e vantagens das tecnologias de inteligência artificial. Estas aplicações vão desde a pulverização de precisão e a monitorização das culturas até à análise dos solos e à gestão das pragas. É possível aos agricultores maximizarem a utilização dos recursos, reduzirem os seus efeitos negativos no ambiente e obterem rendimentos mais elevados aproveitando o poder da inteligência artificial (IA). Tal contribuirá para a sustentabilidade e a resiliência dos sistemas alimentares mundiais.

CAPÍTULO 4

Melhorar a distribuição de alimentos e as cadeias de abastecimento com a IA

O papel da IA na otimização da logística da cadeia de abastecimento

A IA desempenha um papel fundamental na otimização da logística da cadeia de abastecimento, oferecendo análises avançadas, capacidades de previsão e automatização. Eis algumas das principais formas como a IA contribui para a otimização da cadeia de abastecimento:

Previsão da procura:

- Os algoritmos de IA utilizam várias fontes de dados, incluindo dados históricos de vendas, tendências de mercado, sentimento das redes sociais, padrões meteorológicos e indicadores económicos, para prever a procura com maior precisão.
- As técnicas de aprendizagem automática, como a análise de séries cronológicas, a regressão e as redes neuronais, podem identificar padrões e correlações nos dados para efetuar previsões precisas.
- A previsão da procura ajuda as organizações a otimizar os níveis de inventário, a planear os calendários de produção e a afetar os recursos de forma eficaz, reduzindo assim os custos e melhorando a satisfação do cliente.

Gestão de inventário:

- Os sistemas de gestão de inventário orientados por IA analisam uma multiplicidade de factores como a variabilidade da procura, os prazos de entrega, a sazonalidade, o desempenho do fornecedor e os custos de transporte para otimizar os níveis de inventário.
- Ao utilizar algoritmos de otimização, a IA pode determinar os pontos de encomenda ideais, os níveis de stock de segurança e as estratégias de

reabastecimento para garantir que o inventário está disponível quando e onde é necessário.

- A otimização das existências minimiza as rupturas de stock, reduz os custos de detenção de existências em excesso e melhora o fluxo de caixa, libertando capital que, de outra forma, estaria imobilizado em existências.

Otimização de rotas:

- Os algoritmos de IA optimizam as rotas de transporte tendo em conta factores como os padrões de tráfego, as condições das estradas, as previsões meteorológicas, os preços dos combustíveis, as capacidades dos veículos e os horários de entrega.
- As técnicas de otimização, como os algoritmos genéticos, o recozimento simulado e a otimização de colónias de formigas, encontram as rotas mais eficientes para minimizar os custos de transporte e os tempos de entrega.
- A otimização das rotas não só reduz as despesas de transporte, como também aumenta a satisfação do cliente, garantindo entregas atempadas e fiáveis.

Gestão de armazéns:

- Os sistemas de gestão de armazéns (WMS) alimentados por IA melhoram a eficiência operacional através da automatização de tarefas como o controlo de inventário, a recolha de encomendas, a embalagem e a expedição.
- Os algoritmos de aprendizagem automática optimizam a disposição dos armazéns, a atribuição de posições no depósito e os percursos de recolha para minimizar o tempo de deslocação e os custos de mão de obra.
- As tecnologias avançadas, como a robótica, os drones e as etiquetas RFID, melhoram a automatização, a precisão e a escalabilidade do armazém,

permitindo que as organizações lidem com volumes de encomendas crescentes e com a complexidade dos SKU.

Manutenção Preditiva:

- Os sistemas de manutenção preditiva com IA analisam os dados dos sensores, as métricas de desempenho do equipamento e os registos históricos de manutenção para prever as falhas do equipamento antes de estas ocorrerem.
- Os algoritmos de aprendizagem automática detectam anomalias, padrões e tendências indicativos de falhas iminentes, permitindo que as equipas de manutenção intervenham proactivamente e programem reparações durante o tempo de inatividade planeado.
- A manutenção preditiva reduz o tempo de inatividade não planeado do equipamento, evita reparações dispendiosas, prolonga a vida útil dos activos e melhora a eficácia global do equipamento (OEE).

Gestão de fornecedores:

- As plataformas de gestão de fornecedores baseadas em IA avaliam as métricas de desempenho dos fornecedores, os dados de controlo de qualidade, os prazos de entrega, as tendências de preços e os riscos geopolíticos para otimizar as relações com os fornecedores e mitigar as perturbações na cadeia de abastecimento.
- A análise preditiva identifica potenciais riscos, tais como falências de fornecedores, greves laborais, escassez de matérias-primas e problemas de qualidade, permitindo às organizações diversificar a sua base de fornecedores e implementar planos de contingência.
- Os algoritmos de IA também facilitam scorecards dinâmicos de fornecedores, estratégias de negociação e processos de gestão de contratos

para impulsionar a melhoria contínua e a criação de valor em toda a cadeia de fornecimento.

Gestão de riscos:

- Os sistemas de gestão de riscos baseados em IA analisam grandes quantidades de dados estruturados e não estruturados de fontes internas e externas para identificar, avaliar e mitigar os riscos da cadeia de abastecimento.
- Os algoritmos de aprendizagem automática detectam padrões, correlações e anomalias indicativas de potenciais perturbações, como catástrofes naturais, eventos geopolíticos, recessões económicas e ameaças à cibersegurança.
- A modelação preditiva, a análise de cenários e as técnicas de simulação permitem às organizações avaliar o impacto de diferentes cenários de risco e desenvolver estratégias proactivas de mitigação do risco para salvaguardar as operações da cadeia de abastecimento e garantir a continuidade do negócio.

Visibilidade em tempo real:

- As plataformas de visibilidade da cadeia de abastecimento baseadas em IA fornecem informações em tempo real sobre os níveis de inventário, os movimentos de transporte, o estado das encomendas e o desempenho dos fornecedores em toda a rede da cadeia de abastecimento.
- As capacidades avançadas de análise, visualização de dados e modelação preditiva permitem às organizações monitorizar indicadores-chave de desempenho (KPIs), identificar estrangulamentos e tomar decisões baseadas em dados para otimizar os processos da cadeia de abastecimento.
- A visibilidade em tempo real aumenta a agilidade, a capacidade de resposta e a colaboração entre os parceiros da cadeia de fornecimento, permitindo

que as organizações se adaptem rapidamente às condições de mercado em mudança, às preferências dos clientes e à dinâmica da concorrência.

- A IA serve como um poderoso facilitador para otimizar a logística da cadeia de abastecimento, tirando partido de informações baseadas em dados, capacidades preditivas e tecnologias de automatização para impulsionar a eficiência, a resiliência e a competitividade em todo o ecossistema da cadeia de abastecimento de ponta a ponta.

Sistemas de previsão e gestão de inventário com base em IA

Os sistemas de previsão e gestão de inventário alimentados por IA utilizam técnicas de inteligência artificial para otimizar os níveis de inventário, prever a procura e melhorar a eficiência da cadeia de fornecimento. Eis uma análise mais detalhada do funcionamento destes sistemas e dos seus principais componentes:

Previsão da procura

Integração de dados: Estes sistemas agregam dados de diversas fontes, incluindo dados históricos de vendas, tendências de mercado, preferências dos clientes e factores externos, como indicadores meteorológicos e económicos.

Modelos de aprendizagem automática: Os algoritmos de IA, como as redes neurais, a análise de séries temporais e a aprendizagem profunda, são utilizados para analisar dados históricos e identificar padrões, tendências e sazonalidade na procura.

Análise preditiva: Ao analisar dados históricos e variáveis externas, os modelos de IA geram previsões exactas da procura a vários níveis de granularidade, permitindo previsões a nível de SKU, previsões regionais ou previsões de segmentos de clientes.

Aprendizagem contínua: Os modelos aprendem continuamente com novos dados, ajustando os modelos de previsão de forma dinâmica para se adaptarem às condições de mercado e aos padrões de procura em constante mudança.

Otimização do inventário:

Gestão dinâmica do inventário: Estes sistemas ajustam dinamicamente as políticas de inventário, tais como pontos de encomenda, níveis de stock de segurança e quantidades de encomenda com base em previsões de procura em tempo real, prazos de entrega e objectivos de nível de serviço.

Otimização Multi-Echelon: As técnicas de otimização são utilizadas para otimizar os níveis de inventário em diferentes níveis da cadeia de abastecimento, incluindo matérias-primas, trabalhos em curso, produtos acabados e centros de distribuição.

Colaboração na cadeia de abastecimento: A IA facilita a colaboração e a partilha de informações entre os parceiros da cadeia de abastecimento, melhorando a visibilidade da procura, reduzindo o efeito de chicote e sincronizando as actividades de reposição de inventário.

Análise de cenários: Os algoritmos de IA permitem que as organizações efectuem análises de cenários e simulações hipotéticas, avaliando o impacto de diferentes políticas de inventário, interrupções de fornecedores ou flutuações da procura nos níveis de inventário e no desempenho do serviço.

Vantagens e benefícios:

Redução de custos: Os sistemas alimentados por IA ajudam a reduzir os custos de detenção de inventário, minimizam as rupturas de stock e optimizam o capital de exploração através da manutenção de níveis de inventário ideais.

Níveis de serviço melhorados: A previsão exacta da procura e a otimização dos níveis de inventário melhoram a disponibilidade dos produtos, reduzem os prazos de entrega das encomendas e aumentam a satisfação dos clientes.

Atenuação do efeito chicote: Ao alinhar os níveis de inventário com os padrões de procura reais, os algoritmos de IA atenuam o efeito chicote, reduzindo a amplificação da variabilidade da procura em toda a cadeia de abastecimento.

Maior agilidade: Estes sistemas permitem às organizações responder rapidamente às mudanças na procura do mercado, às perturbações da cadeia de abastecimento e à dinâmica da concorrência, ajustando dinamicamente as políticas de inventário e as configurações da cadeia de abastecimento.

Tomada de decisões baseada em dados: Os sistemas de previsão e gestão de inventário alimentados por IA fornecem informações accionáveis e métricas de desempenho, como precisão de previsão, taxas de preenchimento, rotações de inventário e métricas de nível de serviço, apoiando a tomada de decisões orientada por dados e iniciativas de melhoria contínua.

Os sistemas de previsão e gestão de inventário alimentados por IA desempenham um papel crucial na otimização das operações da cadeia de fornecimento, melhorando a eficiência e aumentando a satisfação do cliente. Ao aproveitar a análise avançada e o aprendizado de máquina, esses sistemas permitem que as organizações tomem decisões mais informadas, reduzam custos e se adaptem às condições de mercado em evolução.

Exemplos de soluções de IA que melhoram a eficiência da distribuição alimentar

Previsão da procura:

- Os algoritmos de IA analisam dados históricos de vendas, tendências de mercado e factores externos, como padrões climáticos e eventos, para prever com precisão a procura dos consumidores.
- Ao prever a procura com maior precisão, os distribuidores de alimentos podem otimizar os níveis de inventário, reduzir o excesso de stock e as rupturas de stock, e minimizar o risco de desperdício alimentar.
- Os modelos avançados de IA aprendem continuamente com novos dados, melhorando a exatidão das previsões de procura ao longo do tempo e adaptando-se às condições de mercado em mudança.

Otimização de rotas:

- O software de otimização de rotas baseado em IA considera vários factores, como as condições de tráfego, as janelas de entrega, as capacidades dos veículos e os custos de combustível, para planear as rotas de entrega mais eficientes.
- Os algoritmos de otimização minimizam as distâncias e o tempo de viagem, reduzindo o consumo de combustível, o desgaste do veículo e os custos de transporte.
- Os ajustes de rota em tempo real permitem aos distribuidores responder a eventos imprevistos, como engarrafamentos ou encerramentos de estradas, garantindo entregas atempadas e a satisfação do cliente.

Monitorização da cadeia de frio:

- Os sensores baseados em IA e os dispositivos IoT monitorizam a temperatura, a humidade e outras condições ambientais em toda a cadeia de frio.

- A monitorização e os alertas em tempo real permitem aos distribuidores manter a qualidade e a segurança dos produtos alimentares perecíveis, assegurando que são transportados e armazenados dentro dos intervalos de temperatura especificados.
- Ao evitar excursões de temperatura e deterioração, a monitorização da cadeia de frio reduz o desperdício de alimentos e minimiza as perdas financeiras dos distribuidores.

Controlo de qualidade e inspeção:

- As tecnologias de IA, como a visão por computador e a aprendizagem automática, automatizam a inspeção de produtos alimentares para detetar defeitos de qualidade, contaminação e frescura.
- Os sistemas de inspeção automatizados analisam as imagens e detectam anomalias como descoloração, bolor ou objectos estranhos, garantindo que apenas os produtos de alta qualidade chegam aos consumidores.
- Ao reduzir a necessidade de inspeção manual e de controlo de qualidade, as soluções de IA aumentam a eficiência operacional e o rendimento nas instalações de distribuição alimentar.

Gestão de inventário:

- Os sistemas de gestão de inventário alimentados por IA optimizam os níveis de stock, as políticas de rotação e as estratégias de reabastecimento para produtos alimentares perecíveis.
- Ao controlar os níveis de inventário e as datas de validade em tempo real, os distribuidores podem minimizar o desperdício de alimentos,

reduzir o risco de deterioração e melhorar as taxas de rotação dos produtos.

- Os algoritmos de IA consideram factores como a procura sazonal, o prazo de validade e as características do produto para garantir uma gestão óptima do inventário em toda a cadeia de abastecimento.

Visibilidade da cadeia de fornecimento:

- As soluções de IA proporcionam visibilidade em tempo real de toda a cadeia de abastecimento, permitindo que os distribuidores acompanhem o movimento dos produtos alimentares desde os fornecedores até aos consumidores.
- A integração com fornecedores, armazéns, parceiros de transporte e pontos de venda a retalho permite que os distribuidores monitorizem os níveis de inventário, acompanhem as expedições e identifiquem potenciais estrangulamentos ou atrasos.
- A visibilidade da cadeia de fornecimento permite que os distribuidores tomem decisões informadas, reduzam os riscos e respondam rapidamente a interrupções, assegurando o fluxo regular de mercadorias e minimizando o impacto no serviço ao cliente.

Recomendações personalizadas:

- Os motores de recomendação baseados em IA analisam os dados e as preferências dos consumidores para fornecer recomendações e promoções personalizadas de produtos.
- Ao oferecer sugestões relevantes com base em compras anteriores, histórico de navegação e informações demográficas, os distribuidores podem aumentar as vendas, melhorar o envolvimento dos clientes e promover a fidelidade à marca.

- As recomendações personalizadas permitem que os distribuidores se dirijam a segmentos específicos de clientes com campanhas de marketing e promoções personalizadas, conduzindo a taxas de conversão mais elevadas e ao crescimento das receitas.

Conformidade com a segurança alimentar:

- As soluções de IA automatizam a monitorização da conformidade e os processos de documentação, garantindo que os distribuidores de alimentos cumprem os requisitos regulamentares e as normas de segurança alimentar.
- Ao tirar partido das ferramentas de conformidade baseadas em IA, os distribuidores podem simplificar as auditorias, acompanhar e rastrear os movimentos dos produtos e manter registos detalhados dos procedimentos de controlo de qualidade.
- A monitorização automatizada da conformidade reduz o risco de violações regulamentares, protege a reputação da marca e aumenta a confiança dos consumidores na segurança e integridade dos produtos alimentares.

Esses exemplos destacam as diversas maneiras pelas quais as soluções de IA melhoram a eficiência da distribuição de alimentos, desde a otimização da logística e do gerenciamento de estoque até a garantia da qualidade, segurança e conformidade do produto em toda a cadeia de suprimentos. Ao aproveitar o poder da IA, os distribuidores de alimentos podem melhorar o desempenho operacional, reduzir custos e fornecer produtos alimentares mais frescos, mais seguros e mais sustentáveis aos consumidores em todo o mundo.

Desafios na distribuição de alimentos e na gestão da cadeia de abastecimento

A distribuição de alimentos e a gestão da cadeia de abastecimento enfrentam inúmeros desafios, que vão desde as complexidades logísticas aos requisitos regulamentares e às considerações ambientais. Eis alguns dos principais desafios na distribuição de alimentos e na gestão da cadeia de abastecimento:

Visibilidade da cadeia de abastecimento: A visibilidade limitada da cadeia de abastecimento torna difícil acompanhar o movimento dos produtos alimentares desde a exploração agrícola até à mesa. A falta de transparência aumenta o risco de ineficiências, atrasos e interrupções, tornando difícil para as partes interessadas identificar e resolver problemas em tempo real.

Segurança e qualidade alimentar: Garantir a segurança e a qualidade dos produtos alimentares ao longo da cadeia de abastecimento é um desafio significativo. A contaminação, a deterioração e o manuseamento incorreto podem comprometer a segurança alimentar e conduzir a riscos para a saúde pública. A manutenção de medidas de controlo de qualidade rigorosas e a adesão às normas de segurança alimentar são essenciais, mas podem exigir recursos intensivos e ser complexas.

Gestão da cadeia de frio: Os produtos alimentares perecíveis requerem armazenamento e transporte a temperatura controlada para manterem a sua frescura e qualidade. Gerir a cadeia de frio de forma eficaz é um desafio, especialmente em regiões com infra-estruturas limitadas ou com um fornecimento de energia pouco fiável. As variações de temperatura durante o transporte ou armazenamento podem resultar em deterioração, desperdício e perdas financeiras para distribuidores e retalhistas.

Gestão de inventário: Equilibrar os níveis de inventário para satisfazer a procura flutuante e minimizar o desperdício é um ato de equilíbrio delicado. O excesso de stock leva a custos de inventário excessivos e a um maior risco de obsolescência, enquanto a rutura de stock resulta em vendas perdidas e clientes insatisfeitos. Uma previsão exacta da procura, estratégias de reabastecimento eficientes e uma otimização dinâmica do inventário são essenciais para uma gestão eficaz do inventário.

Volatilidade da procura: A procura de alimentos está sujeita a vários factores, incluindo a sazonalidade, as preferências dos consumidores e as condições económicas. A previsão e a resposta às flutuações da procura representam desafios para os distribuidores e retalhistas de produtos alimentares. Mudanças repentinas no comportamento do consumidor, como o surgimento de tendências alimentares ou crises de saúde pública, podem perturbar as cadeias de abastecimento e sobrecarregar os sistemas de gestão de stocks.

Perturbações da cadeia de abastecimento: As perturbações da cadeia de abastecimento, como as catástrofes naturais, os conflitos geopolíticos e as emergências de saúde pública, podem ter consequências de grande alcance para a distribuição de alimentos. As perturbações nas redes de transporte, nas instalações de produção ou nas cadeias de abastecimento agrícola podem provocar escassez, flutuações de preços e estrangulamentos na distribuição, afectando a disponibilidade e a acessibilidade dos produtos alimentares.

Conformidade regulamentar: A indústria alimentar está sujeita a requisitos regulamentares rigorosos destinados a garantir a segurança, qualidade e rastreabilidade dos alimentos. A conformidade com regulamentos como a rotulagem de alimentos, embalagens e normas de saneamento é essencial, mas pode ser complexa e demorada. O incumprimento pode resultar em coimas, responsabilidades legais e danos na reputação da marca.

Sustentabilidade e impacto ambiental: A distribuição de alimentos e a gestão da cadeia de abastecimento têm impactos ambientais significativos, incluindo emissões de gases com efeito de estufa, utilização de água e produção de resíduos. Para enfrentar os desafios da sustentabilidade, como a redução da pegada de carbono, a minimização do desperdício alimentar e a promoção de práticas de abastecimento sustentáveis, é necessária a colaboração de toda a cadeia de abastecimento e a adoção de tecnologias e práticas ecológicas.

Fornecimento ético e práticas laborais: Garantir práticas de abastecimento ético e padrões de trabalho justos em toda a cadeia de fornecimento é um desafio constante. Questões como o trabalho infantil, a exploração dos trabalhadores e as violações dos direitos humanos podem manchar a reputação da marca e levar à reação dos consumidores. A implementação de medidas robustas de transparência e responsabilidade na cadeia de fornecimento é essencial para mitigar estes riscos.

A resposta a estes desafios exige colaboração, inovação e investimento em tecnologia, infra-estruturas e desenvolvimento da força de trabalho. Ao tirar partido de informações baseadas em dados, adotar as melhores práticas e adotar estratégias de cadeia de abastecimento sustentáveis e resilientes, os distribuidores de alimentos e as partes interessadas da cadeia de abastecimento podem ultrapassar estes desafios e garantir a distribuição eficiente e responsável de produtos alimentares para satisfazer as necessidades dos consumidores em todo o mundo.

CAPÍTULO 5

Melhoria da nutrição e do acesso aos alimentos

Resolver as deficiências nutricionais com soluções baseadas em IA

As soluções baseadas em IA para deficiências nutricionais aproveitam a análise de dados para prever deficiências, oferecer recomendações personalizadas e melhorar o acompanhamento da dieta. Através da aprendizagem automática, os algoritmos analisam os padrões alimentares e os dados de saúde para identificar deficiências e adaptar as intervenções. A tecnologia de reconhecimento de alimentos permite um acompanhamento preciso da ingestão de nutrientes, enquanto os aparelhos de cozinha inteligentes simplificam o planeamento das refeições. Os monitores de saúde portáteis fornecem feedback em tempo real sobre os dados biométricos, ajudando na deteção e intervenção precoces. As aplicações educativas oferecem orientações baseadas em provas, promovendo escolhas alimentares informadas. As plataformas de telemedicina alargam o acesso a aconselhamento e monitorização nutricional à distância. Em conjunto, estas abordagens baseadas em IA permitem que os indivíduos resolvam as deficiências, promovendo melhores resultados em termos de saúde e prevenção de doenças.

Análise e previsão de nutrientes:

- Os algoritmos de IA podem analisar extensos conjuntos de dados relacionados com hábitos alimentares, ingestão nutricional e resultados de saúde para identificar padrões de deficiências de nutrientes em populações específicas.
- Ao utilizar técnicas de aprendizagem automática, a IA pode reconhecer correlações entre os comportamentos alimentares e a prevalência de deficiências, ajudando os prestadores de cuidados de saúde e os decisores políticos a orientarem eficazmente as intervenções.

- A análise preditiva pode prever potenciais deficiências com base em factores demográficos, estatuto socioeconómico, tendências alimentares e variações regionais, permitindo a implementação de medidas proactivas para prevenir ou atenuar as deficiências.

Recomendações nutricionais personalizadas:

- A IA pode aproveitar dados individuais como perfis genéticos, historial médico, escolhas de estilo de vida e preferências alimentares para gerar recomendações nutricionais personalizadas.
- Através da aprendizagem e adaptação contínuas, os algoritmos de IA podem aperfeiçoar as recomendações com base no feedback dos utilizadores e nos resultados em termos de saúde, garantindo que as intervenções são adaptadas às necessidades em evolução de cada indivíduo.
- As recomendações nutricionais personalizadas podem incluir modificações na dieta, planos de suplementação, mudanças no estilo de vida e intervenções comportamentais destinadas a resolver deficiências específicas, tendo em conta factores como o contexto cultural e a acessibilidade dos alimentos.

Reconhecimento e análise de alimentos:

- As aplicações e ferramentas baseadas em IA e equipadas com tecnologia de visão por computador podem identificar e analisar alimentos a partir de imagens, permitindo aos utilizadores controlar com precisão a sua ingestão alimentar.
- Algoritmos avançados podem reconhecer tamanhos de porções, ingredientes e conteúdo nutricional, fornecendo aos utilizadores informações detalhadas sobre os seus hábitos alimentares e potenciais deficiências.
- O feedback em tempo real e as recomendações personalizadas integradas nas aplicações de reconhecimento de alimentos permitem aos utilizadores fazer

escolhas informadas sobre a sua dieta, encorajando o consumo de alimentos ricos em nutrientes e evitando aqueles que podem contribuir para deficiências.

Electrodomésticos de cozinha inteligentes:

- A integração da IA em aparelhos de cozinha, como frigoríficos inteligentes, fornos e aplicações de planeamento de refeições, pode simplificar a preparação de refeições e otimizar a ingestão nutricional.
- Os algoritmos de IA podem sugerir receitas com base nos ingredientes disponíveis, nas preferências alimentares e nos objectivos nutricionais, promovendo o consumo de refeições equilibradas que resolvam deficiências específicas.
- Os electrodomésticos de cozinha inteligentes podem automatizar as compras de mercearia, controlar as datas de validade dos alimentos e recomendar substitutos ricos em nutrientes, simplificando o processo de manutenção de uma dieta saudável e reduzindo o desperdício alimentar.

Dispositivos de monitorização da saúde:

- Os dispositivos vestíveis equipados com sensores e algoritmos de IA podem monitorizar dados biométricos relacionados com a saúde nutricional, incluindo os níveis de glicose no sangue, os níveis de vitaminas e os marcadores metabólicos.
- A análise em tempo real dos dados biométricos permite a deteção precoce de potenciais deficiências e facilita intervenções atempadas através de recomendações e alertas personalizados.
- A monitorização contínua e o feedback dos dados permitem que os indivíduos acompanhem o seu estado nutricional, avaliem a eficácia das intervenções dietéticas e colaborem com os prestadores de cuidados de saúde para otimizar os seus resultados em termos de saúde.

Ferramentas e aplicações educativas:

- As ferramentas e aplicações educativas baseadas em IA podem fornecer aos utilizadores informações baseadas em dados concretos sobre nutrição, orientações dietéticas e estratégias para combater as deficiências.
- As funcionalidades interactivas, como questionários, planificadores de refeições e sugestões de receitas, envolvem os utilizadores e promovem a mudança de comportamento para hábitos alimentares mais saudáveis.
- Os conteúdos adaptados com base nas preferências dos utilizadores, nos estilos de aprendizagem e nos antecedentes culturais aumentam a relevância e a eficácia das intervenções educativas, permitindo que os indivíduos tomem decisões informadas sobre a sua nutrição e bem-estar.

Cuidados de saúde à distância e telemedicina:

- As plataformas de telemedicina alimentadas por IA ligam indivíduos a nutricionistas, dietistas e prestadores de cuidados de saúde à distância, expandindo o acesso a aconselhamento e apoio nutricional personalizado.
- As consultas virtuais permitem que os indivíduos recebam orientação especializada sobre modificações na dieta, suplementação e mudanças no estilo de vida adaptadas às suas necessidades e preferências específicas.
- A monitorização remota do estado nutricional e a adesão às recomendações através de plataformas de telemedicina facilitam o apoio e a responsabilização contínuos, aumentando a eficácia das intervenções e promovendo a mudança de comportamentos a longo prazo.

As soluções baseadas em IA oferecem uma abordagem multifacetada para lidar com as deficiências nutricionais, tirando partido de informações baseadas em dados, recomendações personalizadas e intervenções remotas de cuidados de saúde. Ao aproveitar o poder da tecnologia de IA, podemos capacitar os indivíduos a tomar medidas proactivas para melhorar a sua saúde nutricional e o seu bem-estar geral, ao mesmo tempo que avançamos com iniciativas de saúde pública e reduzimos o peso das doenças relacionadas com a nutrição.

Inovações no acesso e acessibilidade dos alimentos através da IA

As inovações impulsionadas pela IA têm um imenso potencial para revolucionar o acesso aos alimentos e a sua acessibilidade em todo o mundo. Ao otimizar as cadeias de abastecimento, aumentar a produtividade agrícola, prever tendências de mercado, facilitar a redistribuição de alimentos, oferecer orientação personalizada, otimizar programas de subsídios e promover a colaboração comunitária, a IA contribui para a construção de sistemas alimentares mais resilientes e equitativos. Estes avanços não só aliviam a fome e a insegurança alimentar, como também promovem o desenvolvimento sustentável e a melhoria do bem-estar dos indivíduos e das comunidades a nível global.

- **Otimização da cadeia de abastecimento**: A IA optimiza as cadeias de abastecimento alimentar, prevendo a procura, reduzindo o desperdício e melhorando a eficiência da distribuição. A análise preditiva antecipa as mudanças na procura, garantindo a disponibilidade adequada de alimentos e minimizando os excedentes. Isto simplifica a logística, reduz os custos e melhora a acessibilidade, particularmente em áreas remotas ou mal servidas.
- **Agricultura de precisão**: A IA aumenta a produtividade agrícola e a eficiência dos recursos através de técnicas de agricultura de precisão. Os sensores inteligentes recolhem dados sobre a qualidade do solo, os padrões climáticos e a saúde das culturas, permitindo aos agricultores otimizar a irrigação, a utilização de fertilizantes e a gestão de pragas. Isto aumenta os rendimentos, reduz os custos de produção e aumenta a disponibilidade de alimentos, contribuindo para uma maior acessibilidade e acessibilidade.
- **Previsão de preços de mercado**: A IA analisa as tendências do mercado, o comportamento dos consumidores e os factores socioeconómicos para prever

as flutuações dos preços dos alimentos. Isto permite que os decisores políticos, os retalhistas e os consumidores tomem decisões informadas relativamente à compra e ao investimento. Ao mitigar a volatilidade dos preços e melhorar a transparência do mercado, a IA promove uma maior acessibilidade e estabilidade nos mercados alimentares.

- **Plataformas de redistribuição de alimentos**: As plataformas alimentadas por IA facilitam a redistribuição de alimentos excedentes de retalhistas, restaurantes e quintas para bancos alimentares e organizações comunitárias. Os algoritmos fazem corresponder os excedentes alimentares a destinatários próximos com base na frescura, preferências alimentares e considerações logísticas. Isto reduz o desperdício alimentar, alivia a fome e melhora o acesso a alimentos nutritivos para as populações vulneráveis.
- **Orientação nutricional e planeamento de refeições**: As aplicações e ferramentas baseadas em IA oferecem orientação nutricional personalizada e assistência no planeamento de refeições com base em preferências alimentares, objectivos de saúde e restrições orçamentais. Os algoritmos de aprendizagem automática analisam o conteúdo nutricional, os dados de preços e as preferências do utilizador para sugerir opções de refeições acessíveis e nutritivas. Isto permite que os indivíduos façam escolhas alimentares mais saudáveis dentro das suas restrições orçamentais, melhorando a qualidade geral da dieta e a acessibilidade.
- **Otimização de Subsídios Alimentares**: A IA optimiza os programas de subsídios alimentares, identificando os beneficiários elegíveis, determinando os níveis ideais de benefícios e monitorizando a eficácia do programa. A análise de dados permite aos decisores políticos direcionar os subsídios de forma mais eficaz, garantindo que a assistência chega aos mais necessitados. Isto aumenta a acessibilidade dos alimentos para as famílias de baixos

rendimentos, ao mesmo tempo que promove melhores resultados em termos de nutrição e segurança alimentar.

- **Capacitação e colaboração da comunidade**: A IA facilita iniciativas orientadas para a comunidade para enfrentar os desafios do acesso aos alimentos e da acessibilidade económica. As plataformas de crowdsourcing, alimentadas por IA, ligam indivíduos, empresas e organizações para resolver de forma colaborativa os problemas locais de insegurança alimentar. Ao aproveitar a experiência colectiva, os recursos e as soluções inovadoras, as comunidades podem desenvolver estratégias sustentáveis para melhorar o acesso aos alimentos e a acessibilidade económica para todos os membros.

- **Elaboração de políticas com base em dados**: A IA permite que os decisores políticos tomem decisões baseadas em dados sobre o acesso e a acessibilidade dos alimentos. Ao analisar indicadores socioeconómicos, dados demográficos e informações geográficas, os algoritmos de IA identificam áreas com elevados níveis de insegurança alimentar e informam intervenções direccionadas. Isso pode envolver o estabelecimento de centros de distribuição de alimentos, a implementação de programas de educação nutricional ou o incentivo a mercearias para operar em comunidades carentes. A elaboração de políticas baseadas em dados garante que os recursos sejam alocados de forma eficiente e eficaz para abordar as causas profundas da insegurança alimentar.

- **Resiliência climática e agricultura sustentável:** A IA desempenha um papel crucial na construção de sistemas alimentares resistentes ao clima e na promoção de práticas agrícolas sustentáveis. Ao analisar os dados climáticos e as tendências ambientais, a IA ajuda os agricultores a adaptarem-se às condições em mudança, a mitigarem os riscos e a optimizarem a utilização dos recursos. As técnicas agrícolas sustentáveis, como a agrossilvicultura e a agricultura regenerativa, são apoiadas por conhecimentos orientados pela IA, levando a uma melhor saúde do solo, conservação da água e biodiversidade.

Estas práticas melhoram as capacidades de produção de alimentos, ao mesmo tempo que atenuam o impacto ambiental da agricultura, garantindo a segurança alimentar a longo prazo e a acessibilidade económica.

- **Pagamento móvel e vales digitais:** Os sistemas de pagamento móvel orientados por IA e os programas de vouchers digitais melhoram o acesso a alimentos a preços acessíveis para as comunidades marginalizadas. Essas plataformas permitem que os indivíduos comprem mantimentos, refeições e insumos agrícolas usando dispositivos móveis, reduzindo a dependência de transações em dinheiro e infraestrutura física. Os algoritmos de IA analisam os padrões de compra e as preferências dos utilizadores para adaptar incentivos, descontos e promoções, tornando os alimentos nutritivos mais acessíveis e económicos. As soluções de pagamento móvel também capacitam os pequenos agricultores e os produtores locais de alimentos, facilitando as transacções directas com os consumidores, contornando os intermediários tradicionais e reduzindo os custos de transação.

- **Blockchain para rastreabilidade e transparência dos alimentos:** A tecnologia de cadeia de blocos alimentada por IA melhora a rastreabilidade e a transparência dos alimentos em toda a cadeia de abastecimento, promovendo a confiança dos consumidores no sistema alimentar. Ao registar as transacções e acompanhar os movimentos dos produtos num livro-razão seguro e imutável, a cadeia de blocos garante a autenticidade e a integridade dos produtos alimentares. Os algoritmos de IA analisam os dados da cadeia de blocos para verificar a conformidade com as normas de segurança alimentar, detetar produtos contrafeitos e identificar potenciais perturbações na cadeia de abastecimento. Esta transparência promove uma maior responsabilização entre as partes interessadas e permite que os consumidores façam escolhas informadas sobre os alimentos que compram, melhorando, em última análise, o acesso a alimentos seguros e acessíveis.

- **Computação Cognitiva para Programas de Assistência Alimentar:** Os sistemas de computação cognitiva, alimentados por IA, optimizam a prestação de programas de assistência alimentar, automatizando a determinação da elegibilidade, os processos de inscrição e a distribuição de benefícios. Estes sistemas utilizam o processamento de linguagem natural e a aprendizagem automática para interagir com os candidatos, avaliar as suas necessidades e recomendar serviços de apoio adequados. Ao simplificar as tarefas administrativas e reduzir as barreiras burocráticas, a computação cognitiva melhora a eficiência e a eficácia dos programas de assistência alimentar, garantindo que as populações vulneráveis recebem apoio atempado e adequado. Isto promove o acesso à alimentação e a acessibilidade dos indivíduos e famílias que enfrentam dificuldades financeiras ou situações de crise.

Estudos de caso de iniciativas da IA que promovem a nutrição e o acesso aos alimentos

Alguns dos estudos de caso demonstram as diversas maneiras pelas quais as tecnologias de IA podem ser aproveitadas para promover a nutrição e o acesso aos alimentos, desde o aumento da eficiência da cadeia de suprimentos até a capacitação dos consumidores com orientação dietética personalizada. Através de iniciativas e parcerias inovadoras, a IA tem o potencial de enfrentar desafios complexos no sistema alimentar e melhorar os resultados para indivíduos e comunidades em todo o mundo.

IBM Food Trust:

- **Descrição**: O IBM Food Trust é uma plataforma baseada em blockchain desenvolvida pela IBM para aumentar a transparência e a rastreabilidade na cadeia de suprimentos de alimentos. Ele aproveita os algoritmos de IA para analisar dados e rastrear a jornada dos produtos alimentícios da fazenda ao garfo.

- **Impacto**: A plataforma permite que os consumidores acedam a informações detalhadas sobre a origem, os métodos de produção e as práticas de manuseamento dos produtos alimentares. Ao promover a transparência e a confiança, o IBM Food Trust permite que os consumidores façam escolhas informadas sobre os alimentos que compram, melhorando assim a segurança e a acessibilidade dos alimentos.

O Éden do Walmart:

- **Descrição**: O Eden da Walmart é uma plataforma baseada em IA utilizada pela Walmart para otimizar a sua cadeia de abastecimento de produtos frescos. A plataforma utiliza algoritmos de aprendizagem automática para prever a procura, otimizar os níveis de inventário e reduzir o desperdício.
- **Impacto**: Ao prever com exatidão a procura e simplificar a logística, o Eden da Walmart garante que os produtos frescos estão disponíveis para os clientes a preços acessíveis. A plataforma também minimiza o desperdício de alimentos ao otimizar as práticas de gestão de inventário, contribuindo para uma maior sustentabilidade e acessibilidade no sector do retalho alimentar.

MealConnect da Feeding America:

- **Descrição**: A MealConnect é uma plataforma de recuperação de alimentos desenvolvida pela Feeding America, a maior organização de combate à fome nos Estados Unidos. A plataforma utiliza algoritmos de IA para fazer corresponder os excedentes alimentares de restaurantes, mercearias e fabricantes de alimentos a bancos alimentares locais e organizações sem fins lucrativos.

- **Impacto**: O MealConnect facilita a redistribuição de milhões de libras de alimentos excedentes todos os anos, ajudando a aliviar a fome e a insegurança alimentar em comunidades de todo o país. Ao utilizar a tecnologia para otimizar os esforços de recuperação de alimentos, a Feeding America melhora o acesso a alimentos nutritivos para indivíduos e famílias necessitadas.

Nutrifix:

- **Descrição**: A Nutrifix é uma aplicação móvel que fornece recomendações nutricionais personalizadas com base nas preferências alimentares, objectivos de saúde e localização dos utilizadores. A aplicação utiliza algoritmos de IA para analisar as opções de menu de restaurantes próximos e sugerir escolhas de refeições saudáveis.
- **Impacto**: O Nutrifix permite que os utilizadores façam escolhas alimentares mais saudáveis quando jantam fora, promovendo o acesso a refeições nutritivas em áreas urbanas onde as opções de alimentos saudáveis podem ser limitadas. Ao aproveitar o poder da IA para fornecer orientação dietética personalizada, o Nutrifix ajuda as pessoas a melhorar a sua ingestão nutricional e o seu bem-estar geral.

Onda agrícola:

- **Descrição**: A Farmwave é uma plataforma orientada para a IA que ajuda os agricultores a otimizar a produção das culturas e a utilização dos recursos. A plataforma utiliza visão computacional e algoritmos de aprendizagem automática para analisar imagens de culturas, identificar pragas e doenças e recomendar intervenções adequadas.

- **Impacto**: Ao fornecer aos agricultores informações em tempo real sobre a saúde das culturas e as práticas de gestão, a Farmwave permite-lhes maximizar os rendimentos, minimizar os custos dos factores de produção e melhorar a qualidade dos seus produtos. Isto promove a segurança alimentar e a acessibilidade, aumentando a produtividade agrícola e a resiliência face aos desafios ambientais.

Plataforma de dados do cliente (CDP) da Amperity:

- **Descrição**: O CDP da Amperity é uma plataforma de dados de clientes que ajuda os retalhistas e as empresas alimentares a obterem informações sobre as preferências e o comportamento dos consumidores. A plataforma utiliza algoritmos de IA para analisar dados de clientes de várias fontes e criar perfis de clientes unificados.
- **Impacto**: Ao compreender as preferências e os hábitos de compra dos consumidores, os retalhistas podem adaptar as suas ofertas de produtos e estratégias de marketing para melhor satisfazer as necessidades do seu público-alvo. Isto aumenta a satisfação e a lealdade do cliente, impulsionando as vendas e melhorando o acesso dos consumidores a uma gama diversificada de produtos alimentares.

HelloFresh:

- **Descrição**: A HelloFresh é um serviço de entrega de kits de refeições que utiliza algoritmos de IA para personalizar as recomendações de refeições e otimizar o fornecimento de ingredientes. A plataforma analisa as preferências do utilizador, as restrições alimentares e o feedback para criar planos de refeições personalizados.

- **Impacto**: A HelloFresh torna mais cómodo e acessível cozinhar em casa, fornecendo ingredientes pré-dosados e receitas concebidas por chefs diretamente à porta dos clientes. Ao utilizar a IA para simplificar o processo de planeamento de refeições e reduzir o desperdício alimentar, a HelloFresh promove hábitos alimentares mais saudáveis e uma maior acessibilidade para indivíduos e famílias que procuram soluções de refeições convenientes.

Tirar partido da IA para intervenções de base comunitária

A aplicação da inteligência artificial (IA) a intervenções baseadas na comunidade é uma estratégia poderosa para enfrentar desafios sociais complexos e promover mudanças positivas a nível das bases. As comunidades têm a capacidade de obter acesso a conhecimentos valiosos, melhorar os processos de tomada de decisões e implementar intervenções direccionadas que respondam eficazmente às necessidades locais quando aproveitam as capacidades da IA.

A utilização da IA para intervenções baseadas na comunidade envolve uma série de aspectos importantes, incluindo a análise de dados e a modelação preditiva. Os algoritmos de inteligência artificial são capazes de analisar grandes quantidades de dados recolhidos de várias fontes, como relatórios do governo, inquéritos à comunidade, redes sociais e redes de sensores. A IA permite que as comunidades adquiram uma compreensão mais profunda dos problemas locais, como a pobreza, as disparidades nos cuidados de saúde, os resultados educativos e as preocupações ambientais, identificando padrões, tendências e correlações nos dados. Isto é conseguido através da identificação de ligações entre os dados. A utilização da modelação preditiva, por exemplo, pode ajudar a identificar as populações que correm um maior risco de sofrer de insegurança alimentar ou de problemas relacionados com a saúde. Isto permite que as organizações comunitárias e os decisores políticos atribuam recursos e desenvolvam intervenções específicas para enfrentar estes desafios através de meios proactivos.

Além disso, a análise preditiva que é alimentada por inteligência artificial tem a capacidade de prever tendências futuras e antecipar potenciais desafios. Isto permite que as comunidades adoptem uma abordagem proactiva para a resolução de problemas, em vez de uma abordagem reactiva. Os líderes comunitários podem antecipar mudanças nas tendências demográficas, nas condições económicas e nos factores ambientais, utilizando a modelação preditiva. Isto permite-lhes desenvolver estratégias e intervenções que atenuem os riscos e promovam a resiliência na comunidade. Por exemplo, a análise preditiva pode ajudar a prever flutuações na procura de serviços sociais ou a identificar áreas susceptíveis a catástrofes naturais. Isto dá às comunidades a capacidade de implementar medidas de preparação e afetar recursos de forma mais eficiente.

Para além de ter a capacidade de analisar dados, a inteligência artificial também facilita o envolvimento e a capacitação das comunidades, fornecendo ferramentas para a tomada de decisões e a participação em colaboração. Os membros da comunidade podem colaborar na procura de soluções para os problemas locais, partilhar ideias e manifestar preocupações através da utilização de ferramentas e plataformas digitais que são alimentadas pela inteligência artificial. Alguns exemplos de plataformas que podem facilitar os debates da comunidade, recolher ideias e solicitar o feedback dos residentes incluem fóruns em linha, aplicações móveis e plataformas de redes sociais equipadas com funcionalidades impulsionadas pela inteligência artificial. Ao facilitar os canais de comunicação que são simultaneamente inclusivos e transparentes, a inteligência artificial dá às comunidades a capacidade de colaborar no desenvolvimento de soluções que têm em conta as várias perspectivas e prioridades das partes interessadas locais.

Além disso, a inteligência artificial permite que as comunidades melhorem a prestação de serviços e optimizem a atribuição de recursos através da utilização de algoritmos de planeamento preditivo de recursos e de otimização. Por exemplo, os algoritmos que são conduzidos pela inteligência artificial podem realizar análises de dados históricos sobre a utilização de serviços, a demografia da população e a distribuição geográfica, a fim de otimizar a colocação de programas educativos, serviços sociais e instalações de cuidados de saúde. Através da identificação de áreas que não estão a ser adequadamente servidas e da previsão da futura procura de serviços, as comunidades têm a capacidade de garantir um acesso equitativo a recursos vitais e de responder melhor às necessidades das populações vulneráveis. Além disso, a inteligência artificial tem o potencial de ajudar a otimizar as rotas de transporte, os protocolos de resposta a emergências e os esforços de recuperação de catástrofes, o que permitirá às comunidades responder mais eficazmente a crises e emergências.

A incorporação da tecnologia nas infra-estruturas e sistemas de gestão pré-existentes da comunidade é outra componente essencial da utilização da inteligência artificial em intervenções baseadas na comunidade. Através da implementação de soluções baseadas em IA em centros de saúde comunitários, escolas, bibliotecas e outras instalações públicas, as comunidades têm a capacidade de melhorar o acesso dos residentes à informação, aos serviços e aos recursos. A título de exemplo, os chatbots e os assistentes virtuais que são alimentados por inteligência artificial têm a capacidade de oferecer assistência e apoio individualizados aos membros da comunidade que procuram informações sobre serviços de saúde, oportunidades educativas ou programas de assistência social. Além disso, os dispositivos da Internet das Coisas (IoT) e os sensores inteligentes têm a capacidade de monitorizar as condições ambientais, a qualidade do ar e a segurança pública em tempo real. Isto dá às comunidades a capacidade de identificar potenciais perigos e implementar medidas preventivas para salvaguardar a saúde e o bem-estar dos seus residentes.

Em conclusão, a utilização da inteligência artificial para intervenções baseadas na comunidade possui um enorme potencial para capacitar as comunidades, melhorar os processos de tomada de decisão e abordar eficazmente desafios sociais complexos. As comunidades têm a capacidade de desenvolver soluções inovadoras que melhoram a qualidade de vida dos residentes e promovem o desenvolvimento inclusivo e sustentável, utilizando as capacidades da inteligência artificial (IA) para análise de dados, modelação preditiva, envolvimento da comunidade, otimização de recursos e integração tecnológica. No entanto, é da maior importância garantir que as iniciativas relacionadas com a inteligência artificial dêem prioridade a considerações éticas, à proteção da privacidade e à equidade, a fim de garantir que as vantagens da IA estejam disponíveis para todos os membros da comunidade. As comunidades têm a capacidade de construir sociedades mais resilientes, vibrantes e inclusivas para as gerações futuras, trabalhando em conjunto e fazendo investimentos estratégicos em soluções baseadas na IA.

BIBLIOGRAFIA

1. Gil, J. D. B., Reidsma, P., Giller, K., Todman, L., Whitmore, A., & van Ittersum, M. (2019). Objetivo de desenvolvimento sustentável 2: Metas e indicadores melhorados para a agricultura e a segurança alimentar. *Ambio*, *48*(7), 685-698.
2. Fanzo, J. (2019). Dietas e sistemas alimentares saudáveis e sustentáveis: a chave para alcançar o Objetivo de Desenvolvimento Sustentável 2? *Ética alimentar*, *4*, 159-174.
3. Veldhuizen, L. J., Giller, K. E., Oosterveer, P., Brouwer, I. D., Janssen, S., van Zanten, H. H., & Slingerland, M. A. (2020). The Missing Middle: Ação interligada em matéria de agricultura e nutrição aos níveis global, nacional e local para alcançar o Objetivo de Desenvolvimento Sustentável 2. *Segurança Alimentar Global*, *24*, 100336.
4. Anast, L., & Civita, N. Uma visão geral do Objetivo de Desenvolvimento Sustentável 2. *The Routledge Handbook of Sport and Sustainable Development*, 37.
5. Chen, X., Shuai, C., & Wu, Y. (2023). Global food stability and its socio-economic determinants towards sustainable development goal 2 (Zero Hunger). *Desenvolvimento Sustentável*, *31*(3), 1768-1780.
6. Vogliano, C., Murray, L., Coad, J., Wham, C., Maelaua, J., Kafa, R., & Burlingame, B. (2021). Progresso em direção ao ODS 2: Fome zero na melanésia - Uma revisão do escopo do estado dos dados. *Segurança Alimentar Global*, *29*, 100519.
7. Anast, L., & Civita, N. (2022). Uma visão geral do Objetivo de Desenvolvimento Sustentável 2. *The Routledge Handbook of Sport and Sustainable Development*, 37-53.
8. Fan, S., Díaz-Bonilla, E., Cho, E. E., & Rue, C. (2018). SDG 2.1 e SDG 2.2: Por que o comércio aberto, transparente e equitativo é essencial para

acabar com a fome e a desnutrição de forma sustentável. *Alcançar o Objetivo de Desenvolvimento Sustentável 2*, 17.

9. Griggs, D. J., Nilsson, M., Stevance, A., & McCollum, D. (2017). *Um guia para as interacções dos ODS: da ciência à implementação*. Conselho Internacional para a Ciência, Paris.
10. ESCAP, U. (2016). Objetivo de Desenvolvimento Sustentável 2: Acabar com a fome, alcançar a segurança alimentar e a melhoria da nutrição e promover a agricultura sustentável.

yes

I want morebooks!

Buy your books fast and straightforward online - at one of world's fastest growing online book stores! Environmentally sound due to Print-on-Demand technologies.

Buy your books online at
www.morebooks.shop

Compre os seus livros mais rápido e diretamente na internet, em uma das livrarias on-line com o maior crescimento no mundo! Produção que protege o meio ambiente através das tecnologias de impressão sob demanda.

Compre os seus livros on-line em
www.morebooks.shop

info@omniscriptum.com
www.omniscriptum.com

Printed by Books on Demand GmbH, Norderstedt / Germany